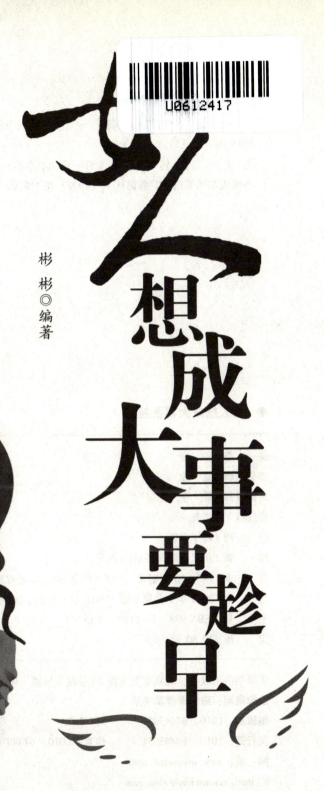

女人想成大事要趁早

彬 彬◎编著

中国华侨出版社

图书在版编目（CIP）数据

女人想成大事要趁早/彬彬编著．—北京：中国华侨出版社，2009.7

ISBN 978 - 7 - 5113 - 0013 - 3

Ⅰ. 女… Ⅱ. 彬… Ⅲ. 女性—成功心理学—通俗读物 Ⅳ. B848.4 - 49

中国版本图书馆 CIP 数据核字（2009）第 108269 号

● **女人想成大事要趁早**

编　　著 / 彬　彬

责任编辑 / 童　瑜

封面设计 / 梁　宇

责任校对 / 胡首一

经　　销 / 新华书店

印　　刷 / 北京佳顺印务有限公司

开　　本 / 787×1092 毫米　1/16　印张 /17　字数 /220 千字

版　　次 / 2010 年 1 月第 1 版　2010 年 1 月第 1 次印刷

书　　号 / ISBN 978 - 7 - 5113 - 0013 - 3

定　　价 / 29.80 元

中国华侨出版社　北京市安定路 20 号院 3 号楼　100029

法律顾问：陈鹰律师事务所

编辑部：(010) 64443056　　　64443979

发行部：(010) 64443051　　传真：(010) 64439708

网　　址：www.oveaschin.com

E - mail：oveaschin@ sina.com

女人想成大事要趁早
（代序）

现代社会，女人早已跨入"白、骨、精"一族，成为社会上的白领，工作中的骨干、精英。在这个处处充满竞争的社会，那种自怨自艾、弱不禁风的女人已日渐失去市场。男人不再是女人的主宰，女人也早已不是男人的附庸。女人开始渴望成功的人生。

目前，仍然有很多女性徘徊在成功的大门外，等待成功的一次垂青。而女人年华的易逝性，也要求女人成功要趁早。其实，成功并非遥不可及，这就如同"并非总是跑得最快的人，能在比赛中夺标；也并不是最强壮的人，才能在竞技中获奖"一样，只要你愿意，成功就属于你。每个人都有向上成长的本能，女人也一样渴望成功、追求成功。

平凡普通的女人总是认为，"成功对自己来说是太过遥远的事情。"实际上，成功的主动权就掌握在我们自己的手中。女人们，不要站在那里羡慕别人的成功、眼热别人的幸福了，还是趁早打起精神，努力创造自己的天地吧！因为，女人的青春易逝，而且女人还要结婚生子、照顾家人，所以女人的成功更要趁早。

作为一个想要成功的女人，就必须知道自己的优势在哪？女人除了要具备男人的成功要素之外，还要发掘出比男人更好的天赋资本，比如外貌、性格等，并恰当的运用它们；要发掘适合运用女人天赋资本的事业环境;要用女人的强项挑战男人的弱项,并在竞争中运用得当;最好运用女人的强项联合男人的强项,让既有的优势互补,从而取得最终的胜利。

杨澜、撒切尔夫人等杰出的女性,运用上天赋予给女人的独特优势取得了成功。既然她们可以,我们也一定可以。

成功的女人之所以杰出,并不是因为她们多么的与众不同,而是因为她们的目标坚定不移;

成功的女人之所以杰出,并不是因为她们的智商多么的高,而是因为她们勇于前行,将有限的水平无限的发挥出来;

成功的女人之所以杰出,并不是因为她们有多么漂亮,而是因为她们的能够给人留下深刻的印象。

要知道,每个女人都有自己独特的人生,每个女人成功的路也不尽相同,但是,成功的女人就隐藏在数以百万计的女人之中,只要我们趁早努力,也许下一个成功的女人,就是你,是我,是她,是一个最普通的平凡人。

目 录

MU | LU

第二章　奋斗——不甘于平凡的人生

第三章　心态永远是向上的

第四章　你比自己想象的更优秀

第五章　秀出自己，早成明星

第六章　在职场中尽显风流

第七章　魅力——你可以强化的吸引力

第八章　有能力的人影响别人

第九章　追寻你生命中的导师

第一章　优秀的习惯来得越早越好

早起的鸟儿有虫吃。

女人想成大事要趁早

成功要趁早，出名趁年轻

20 岁到 30 岁，是一个人为自己的事业打基础的黄金年华。

张爱玲说："成名要趁早。"女人如要在青春岁月里有所突破，创出一番事业来，就宜赶在青春"过期"之前有所作为。

女孩子应趁年轻去探险、去漂流、去选美，去过些未曾体验的生活。这才是真正的青春，这才是生活，即使你马上要告别这个世界，也会觉得没有白活。要知道，一些东西过去了就过去了，不再回来，有人说人生的舞台没有彩排，所以张爱玲告诉女性"女人出名要趁早"！趁自己还有青春，去大胆地尝试，去大胆地感受吧！

因为年轻，我们追梦的路上，少了种种顾虑；因为年轻，我们有一种积极向上的生活态度和知难而上的勇气；因为年轻，我们无论做什么，总是保持一颗愉悦的心态；因为年轻，我们不害怕生活中的失败；因为年轻，我们憧憬的梦想是华丽的；因为年轻，我们喜欢冒险，尝试一种中老年人不敢奢想的人生搏击；因为年轻，我们有一种初生牛犊不怕虎的勇敢精神；因为年轻，我们懂得勇敢和自信；因为年轻，成功也不忍心惊动我们绚丽多彩的梦，总是处处迁就我们……年轻真好！

生命的美丽就在今天，今天的奋斗，今天的拼搏，就算下一刻就会消逝也没关系，只要珍惜好这一刻的生命，那便了无遗憾。不要瞻前顾后，曾经有多少人只有等到生命的美丽都已经逝去时才来回忆，感慨年少时缺乏挑战困难的勇气，无论多么后悔，都不能抓住那些已逝去的美丽韶华。因此，要想让自己的生命增添色彩，就要从现在起，鼓起勇气，挑战生活中所有的困难，实现自己美好的梦想。这才是上天赋予我们生命最初也是最真实的意图。

21天，就能改变一个习惯

习惯人皆有之。南方人习惯吃米，北方人习惯吃面，这是生活习惯。有的人喜欢边听音乐边学习，有的人则习惯于神情专注、不受干扰，这是学习习惯。有的人工作时习惯快刀斩乱麻、雷厉风行，有的人则习惯有头有绪、条理不紊，这是工作习惯。

某些习惯是好习惯，例如：

——能控制情感。

——坚持不懈。

——定期锻炼身体。

——做事有目标，有计划。

——保持积极的心态。

某些习惯是坏习惯，例如：

——面对压力产生紧张及焦虑感。

——优柔寡断。

——遇事总往坏处想。

——办事拖拉。

——出现问题时总是怪罪别人。

某些习惯无所谓好坏，例如：

——天天淋浴。

——用叉子喝酸奶。

——浏览杂志时从后向前看。

已经成功的人和已经失败的人之间，有一个重要的区别，就在于他们的习惯。良好的习惯，是一切成功的钥匙；坏的习惯，是通向失败的敞开的门。成功的人，都能够改变他们的坏习惯，养成好的习惯；而失败的人则恰恰相反，他们不会养成良好的习惯，而对于自己身上的一些坏习惯，却总是以"这些是习惯"为理由来搪塞，不加以改正。

当你打算开始万里之行的时候，你可能没有想到，在这漫漫的征途上，一直困扰你的，不是前面可能遇到的高山大河，也不是可能遇到的荆棘丛林，而是你的鞋子夹脚。也可能就因为这么一个原因，你现在还在原地。

英国著名哲学家罗素曾经说过："人生幸福在于良好习惯的养成。"

不管好的习惯还是不良习惯，都不是与生俱来的，而是我们受环境的影响在后天逐步形成的。对于我们来说，某些不良的习惯尽管不良，但对我们自己的生活和事业，对我们人生的成功，并没有致命的影响，是属于"生活小节"；而有些不良习惯，尽管说起来也不算大问题，但对我们取得事业成功、人生幸福却是致命的。如果属于后一种，习惯这看似不大的问题就已经是大问题了。

当某种习惯已经影响到你自己的做人、做事、思维、健康、行为、工作、声誉等的时候，对这样的习惯，无论是好的还是坏的，你都要十分在意，因为它们已经到了足以影响你事业成败的程度。

习惯的力量是巨大的，就因为它是习惯。

仔细看看，我们的大多数人早已习惯了过去的自己，大多数的日常活动都只是习惯而已，如几点钟起床，怎么洗澡、刷牙、穿衣、读报、吃早餐、驾车上班等，一天之内上演着几百种习惯。所以我们非常有必要仔细检查一遍自己的习惯。看看哪些是有益的，哪些是无益的，哪些是有害的，然后将无益、有害的改为有益的，哪怕一个小小的改变，假以时日，必能受益无穷。

歌德有句话说得好："最好不是在夕阳西下的时候幻想什么，而是在旭日初升的时候即投入行动。"改变要趁早，不能只是在嘴上说说，迟迟不行动，到头来，白白浪费了一生，无所成就。

有人会说，我是很想立即改变现状，但周围的大环境就这样，不允许，没办法呀！她必定是忘了：一个人在面临无法改变的环境的时候，要学会改变自己，自己改变了，环境也会随着改变。西方有句谚语："生存决定于改变的能力。"不少人往往是一方面既想改变现状，另一方面又害怕承受痛苦，结果把自己弄得既矛盾又挣扎，折腾了一大圈又绕回到起点。改变是痛苦的，但是，如果不改变，那将是更大的痛苦。

请记住，拥有了成功的习惯，我们就拥有了享受终生的财富。行动起来，改变就从今天开始。在以下"阻碍成功的十大不良习惯"中，如果你有任何一种或几种，请你务必马上着手，从今天开始予以改变：

——经常性迟到；

——没有时间概念；

——注意力分散；

——抵触情绪；

——说话、做事比较紧张，健忘；

——做事毛手毛脚；

——打电话时吃东西、大嗓门；

——不恰当的肢体语言；

——字迹潦草、语法错误；

——违反职业习惯。

这些改变，虽然是一点一滴的小事，但是如果你从今天就开始行动，强迫自己改变这些不良习惯，长期坚持下去，既可养成成功必备的好习惯，又能给自己以"我能行，我能做到"的自信。在你未来的工作中，它的益处将逐渐显现。

好习惯的养成是分成如下4个阶段的：

第1阶段 0~7天刻意、不自然

第2阶段 7~21天刻意、自然

第3阶段 21天不刻意，自然，习惯养成

第4阶段 21~90天不经意，自然，习惯固化

我们要养成好习惯是可以达成的，关键在于循序渐进，每个月养成1~2个好习惯，而且要简单的和困难的搭配，通常是困难的只能放一个。到了第二个月，再来养成1~2个好习惯，如此推演，要不了多久，我们就会养成许多的好习惯。而且当我们在养成这些好习惯的同时，我们的自控、平衡能力以及自信力都会极大地增强，因为我们是在做自己的主人，不再被动地生存，而是找到了控制自己的方式。

一位哲人曾经说过：播下一种心态，收获一种思想；播下一种思想，收获一种行为；播下一种行为，收获一种习惯；播下一种习惯，收获一种性格；播下一种性格，收获一种命运。

养成一个好习惯很难，但毁掉一个好习惯却很容易。

有朝气，上帝都会喜欢你

一位充满活力的青春少女，就像那娇艳欲滴的鲜花，芬芳迷人，我们的健康纯美，我们的飘逸飞扬，我们的笑颜盈盈，给生活带来一抹清新的空气。看到我们，人们会感觉到生活的美好，感觉到阳光般的雨露中蓬勃的朝气，更令人羡慕的是，因为年轻，我们有一股"初生牛犊不怕虎"的勇猛。

有朝气的青春，是女孩创业的武器，她们总是忽略自己的幼稚，耐心地设计未来未知的岁月，并且为了追求那美好的岁月而过早地接受人生风雨的挑战：不管是一路顺畅还是一路坎坷，她们都会勇敢地面对，该笑时笑得娇美动人，该伤心时哭得酣畅淋漓，但哭过了还是要站起来赶路，去攀登前面更美丽的理想高峰。

微软的招聘官员曾对记者说："从人力资源的角度讲，我们愿意招的'微软人'，他首先应是一个非常有朝气的人：对公司有朝气、对技术有朝气、对工作有朝气。有时在一个具体的工作岗位上，你也许会觉得奇怪，怎么会招这么一个人，他在这个行业涉猎不深，年纪也不大，但是他有朝气，和他谈完之后，你会受到感染，愿意给他一个机会。"

以最佳的精神状态工作，不但可以提升我们的工作业绩，而且还可以给你带来许多意想不到的成果。

生活中总有些东西在消减我们的热情：到新单位工作，兴致勃勃地提出了许多建议，却被付与一个轻蔑的冷笑；写文章，却给编辑删改得一塌糊涂；初次拜访一位客人，他看着手表说永远没有空。

于是我们疑惑了。我们自小从心中滋生出来的热情被麻木的社会无声无息地扑灭。于是，我们开始装模作样，学会说笑和说些模棱两可的话语。心中的绿洲被风沙一点点地蚕食。

太多的失望和无奈压迫着我们，我们总是妥协，再妥协。向不完善的制度妥协，向不美满的婚姻妥协，向流行的庸俗标准妥协，向名利妥

协，向贫穷妥协，向虚伪妥协，太多的妥协使我们心力交瘁。见过多少玫瑰花一样的少女，长大后却是一副了无生气的面孔。有人曾对我说："成年后的我总觉得自己像一只乌龟，每次探头都得小心翼翼。"

古人云："哀莫大于心死。"

心死但人未死。依然每天吃饭、睡觉，依然挣钱过日子，但没有了朝气，没有了崇高，没有了朝气和崇高人们便如行尸走肉。

没有了朝气，我们的生活味同嚼蜡。再没有少女唱着歌为英雄流泪，再没有人在一个陌生的寒夜里向你倾诉衷肠。成年人日复一日地苟且偷生，少女也只倾心于浮华和轻松。

所以说，"心"才是我们迈向成功之路最大的障碍。

如果不能保有一颗年轻的心，那会是一件很可怕的事。每当你想要进行某件事情时，还不曾试图去了解个梗概，不是直觉地认为它太难了，就是抱持着事不关己的态度。这时，你会连碰都不想去碰，更不用说去完成了。如此一来，所有在心中筹划已久的计划终将成为永远的幻想，没有实现的一天。

要是事情进行到了一半便没了朝气，又会如何呢？那还用说，自然是虎头蛇尾，成不了大事。前一种状况是还未开始就已结束，后一种则是花费大把力气却徒然无功，与其如此，倒不如一开始就不做。

"朝气"按希腊文字的解释，意思是"神与我长在"。请你务必时时以热诚来面对生活中所有的事，让别人能够看得到你发自年轻的心的美。

保持我们的朝气吧，向着麻木和虚伪，向自己的惰性斗争。重新塑造一个全新的自我，这绝对是目前我们要做的。

毫无主见的人难成大事

历史的车轮滚滚向前，古代那种妻以夫贵，母以子贵的时代早已一去不复返了。"在家从父，出嫁从夫，夫死从子"其实只是那个年代的女性在没有经济地位的情况下不得已的选择而已。

　　秦香莲是不幸的，肯认命，肯吃苦，肯守节，指望有朝一日夫君能金榜题名，从此过上幸福的生活。陈世美果然高中状元，不过状元夫人却不是秦香莲。虽然秦香莲最后通过包拯讨回了公道，负心人陈世美死在了铡刀之下，堪称大快人心。但是秦香莲从此以后就得拖着两个孩子艰难度日。

　　过去的女人是不幸的，她们的命运完全掌握在男人的手中，幸与不幸都不由自己做主，那是因为她们没有自己的事业与经济基础。所以说，一个人若是没有事业，经济与精神都不能独立，根本不能算是一个完全的人，只能处处依赖他人，生活全无意义。

　　独立绝非是一个人独往独来，而是要有独立的思想、独立的原则。如果认为这样做是对的，不应该因为他人的想法而轻易改变主见，自己做决定，自己负责任，本身就是独立人格的体现。

　　有人说，家庭是女人一生最伟大的事业，如果一个女人的家庭是失败的，哪怕她的事业再成功，她也很少有幸福的感觉。一个女人要独立，要成就一番事业，即便不说要有一个温暖幸福的家庭做后盾，也要努力去营建一个幸福美满的家庭。而不能像现在一些所谓的女强人，以幸福的家庭生活为代价去换取事业的成功。结果物质是丰富了，可是灵魂却开始四处漂泊，无家可归。

　　当然女人的独立不仅仅体现在物质上，还体现在精神上。如果说男人活在物质中，那么女人就活在精神里。女人的精神世界是无比神秘和无比丰富的。女人的精神独立是对自己的确认。当女人的精神世界被别人支配时，就像笼中的小鸟一样失去了自由，同时也失去了掌握自己美丽的权利。

　　独立，不仅仅是男人的美德，也是女人的美德。独立的女人是成熟的，像《2046》里巩俐饰演的黑蜘蛛，有着一双看破尘世浮华的淡漠的眼、一张诱人的烈焰红唇，着一袭黑色的紧身小礼服，高贵优雅地出现在众人面前，让人有一种惊鸿一瞥的感觉。《甜蜜蜜》里张曼玉饰演的李翘，则是一位可爱的女人。她是一棵无论在什么情况下都能够茁壮成长的杂草，有着极顽强的生命力。由于她独特的个性和爽朗的性格，成为了一个让男人为之心动的女人。还有身残志不残的张海迪，一个深度残疾的女人，凭着自己顽强的意志读完博士，时刻想着为这个社会尽一点绵薄之力。她们因为独立而使平淡的生命显得异常精彩，为自己平添了一份令人赞赏的迷人气质。

历史上，女人总是作为某个男人的附属品而存在，而今时代不同了，女人要了解独立的意义，要相信独立的女人是最美的。我们都知道郁金香，它那矜持端庄的花姿、酒杯状鲜艳夺目的花朵，衬以粉绿色的叶片，在花的王国里独树一帜。而独立的女人就像盛放的郁金香，散发着属于自己的芬芳，姿态永远是那么优雅。

让个性成为自己的力量

在我们个性中都深埋着独一无二的生命活力，并且这种潜能底蕴深厚，勃勃待发。是个性让我们与芸芸众生相区别。

你的个性决定了你如何生活，决定了你能否成功。

个性对命运的影响主要表现在下列两个方面：

第一，个性决定了你能否具有创新精神，能否在事业上获得成功。

人们在经历了不同的时代、事件和接受了不同的教育、培养以后，会渐渐形成其独特的性格。在不同的时期和不同的环境中，个人可能在个性上进行有意识地改造，借助于自我学习和自我培养，以养成自认为良好的性格素质。性格素质的好坏和优劣在很大程度上决定了个人的素质，决定了一个人的一生能不能成就事业。若一个人对个性上的缺陷没有通过努力加以抑制和完善，没有进行有意识的"性格改造"，那么，个性上的缺陷会趋于定型，会给生活和工作带来麻烦，甚至毁了事业或者前途。

第二，在人的创造性活动中，保持鲜明的个性，特别是富有主见的个性最关键。

中华民族是一个创新能力非常强的民族，这从中华民族辉煌、灿烂的历史中就能看出来。可是，在两千年的封建王朝统治中，是压制创新的。封建时代留给中华民族的历史文化中，有崇尚经验、反对创新；崇尚权威、反对怀疑的消极因素。

因为崇尚秩序，新的想法和思潮、新的物品往往被当做大逆不道的异端，科技发明被看成了"雕虫小技"，在这种思想观念影响下成长起来的人，往往墨守成规、缺少主见。

作为一个现代女性，不仅拥有社会宽松的观念条件，而且拥有优越便利的科技等硬条件，你应该先"洗脑"，清除潜藏在思想中的错误观念，突出个性，勤于思考，勇敢地表达你的观点或见解，勇于向传统、向别人提出不同的意见，做到不唯书、不唯洋、不唯上，这样才能做一个有主见的人。

谁是20世纪最为耀眼的名人？

毫无疑问，这一殊荣一定落在了前英国王妃戴安娜头上。

自从戴安娜与查尔斯王子交往的那一天开始，辉煌的光环似乎就一直笼罩在她的头上。人们对她的关注、议论、评价让所有同时代的任何一位明星、名人望尘莫及。她是明星中的明星、名人中的名人。她在英国王室十几年，也是王室成员中最有影响的人物。世界各大新闻媒体无一例外地随时注视着她的一举一动。

从一个不谙世故的纯洁女人，到众人瞩目的王妃，最后公然与王室决裂，同查尔斯王子离婚，这一非凡的经历说到底全是她的个性使然。人们往往过多地把目光集中在了她的娇美、妩媚、温顺的形象上，而忽视了她性格的另一面，这便是叛逆。叛逆和柔美似乎水火难容，却又鲜明地集中在戴安娜身上，构成了她短暂一生的主要内容。正是这两种性格的融合，才造成了戴安娜的辉煌与不幸。假如她是一个"丑小鸭"、"灰姑娘"，那肯定成不了王妃，也就避免了许许多多的人生不幸。作为王妃，戴安娜的确享受到他人可望而不可及的荣耀，但她所付出的代价也是常人无法想象的。假如她没有叛逆的性格，屈从于王室的清规戒律，逆来顺受，不同命运和现实抗争，那么她仍然是举世瞩目的人物，人们对她的认识与评价，可能不会是今天这样。

戴安娜小时候的性格不是叛逆的，而是柔弱的。在她幼年时代，父母离异给她造成了巨大心灵创伤。那时，戴安娜年仅6岁，在庄园里，戴安娜和弟弟由父亲抚养。在黑暗而漫长的夜晚里那些无聊而悲凉的时光中，她学会了体贴照顾弟弟、体贴父亲。这段痛苦的记忆给戴安娜以极其深刻的印象。她曾对保姆说，她长大以后决不离婚，不让自己的孩子遭受离异的痛苦。但事与愿违，造化弄人，她长大之后

也与自己的丈夫离婚，把自己幼年时代的痛苦经历留给两个亲生骨肉。幼年时代的创伤使戴安娜形成了那种强烈的叛逆性格。

一个普通的女人成为了王妃，不仅是身份上的改变，还意味着她的一举一动都不是个人的事，而是王室的形象。戴安娜在英国王室女性成员中的地位是比较高的，除了伊丽莎白女王和王太后之外，她作为王妃排在第三的位置上。她做的每一件事都不是个人行为，她的一举一动都代表英国王室的形象。

一个无忧无虑的女人突然间受到王室种种约束，而且要毫无差错地遵守各种她非常陌生的"清规戒律"是非常困难的。在她面前有两种选择：要么"戒掉"自己与生俱来的个性与从前的生活习惯，服从王室的规矩，做一个逆来顺受的合格王妃；要么保持自己的个性，追求一个真实的自我，充当叛逆王妃。

戴安娜最初选择了对王室的适应：控制自己的情绪，学会改变自己的性格，朝着王室期待的那种合格王妃的方向努力。所以，戴安娜在王室得到的荣耀，实际上是以改变自己的性格为代价的。由于幼年时代的经历，戴安娜学会了将自己真实的情感隐藏起来，而做出相反的举动。戴安娜不但要适应宫廷中的各种规矩，更要适应周围的一切。比如，在她没有成为王妃之前，她仅仅是一个幼儿园的幼儿教师，而她成为王妃后，一下子成为了举世皆知的明星。各种新闻媒体对她的关注热情远远超过了她的预料，她的一举一动都逃不脱媒体的视线，这种完全处于光天化日之下的生活令她感到窒息。

如果说，性格决定命运的话，那么戴安娜从一个不谙世故的女人，变成"叛逆王妃"，则是她抗争命运的结果。戴安娜的种种举措，越来越与王室的种种规矩格格不入。以保守闻名的英国王室中，她眼里最为普通正常的行为，也得不到理解。比如，在她的孩子参加体育比赛时，她也会像普通的母亲一样，光着脚冲向终点；她亲自到服装店里为孩子挑选衣服。她让孩子接受一种王室从来没有过的教育方式，目的是想使孩子真正认识社会、认识人生。所有这一切，都与王室的传统和规矩背道而驰。王妃怎么能和普通人一样呢？王室不理解，更不能容忍。王室不能容忍这样一个叛逆性格突出的王妃，而向往自由的戴安娜，自然也无法接受王室的种种戒条。当这些戒条在戴安娜身上最终失去效用时，她自然会离开对她来说是"冷宫"式的宫廷。这是性格决定命运必然结果。

弱者，不在于乏力而在于少勇

生活中，相对男人来说女人比较胆小，做事时往往缺乏勇气。但是，许许多多的成功经历证明，成功就是在勇气的支配下再坚持一会儿而获得的。

人最怕的是自己限制自己，许多美好的愿望往往被扼杀在摇篮里。

一位女青年和她的未婚夫前往婚姻登记机关登记结婚，她打扮入时，欣喜万分，为找到意中人和终身有了依靠而高兴。但是，当她走进婚姻登记机关，将要填写那张鲜红的结婚证书时，内心却突然产生出剧烈的惶惑和失落感。

——我的贞洁，我的少女时代将一去不复返了！

——我的一生将交付给这个男人，他可靠吗？将来，将来他会不会抛弃我？

——结婚是怎么回事？难道神秘的爱情就是用这一小张纸来作为纽带吗？

——结婚是恋爱的坟墓，我……

她莫名其妙地跑了。哭，激动。然后孤独。强烈地感到六神无主。

这位女青年的性格是对立的。她迫切地渴望得到幸福，但幸福来的时候，她却逃跑了，十足的"叶公好龙"。

生活中，这种"临阵脱逃"的现象屡见不鲜。

勇气是人类最重要的特质，它的内涵与外延都很深广。人们凭借勇气给予自己强的感情，强的理智，强的意志，凭借勇气忍受最强烈的内心冲突。当人们面对困难时，因为有勇气在身，就会有惊人的忍受力和适应力。当人们面对绝境时，因为有勇气在心，就会有一种意外的平静。

一个女性直面事实时，就是一种勇气；一个女性在逆境中奋力拼搏时，就是一种勇气；一个女性在生命受到威胁时能够处变不惊，泰然处之，就是一种勇气；一个女性在成功面前不断地超越自己，不断地克服世界上的一切困难，做最好的自己，也是一种勇气。勇气是女性战胜一切艰难险阻的法宝和武器，当温柔的女性承担起苦难时，才显出其神圣不可侵犯的尊严。

伊莎多拉·邓肯是美国现代舞蹈的奠基人，被誉为"现代舞之母"，影响了世界舞蹈的进程。在童年的时候，她就充满了勇气，崇尚自由和反抗的精神。比如说，如果家里一点吃的也没有了，她就会自告奋勇到肉铺去，用尽各种小花招，好让肉铺老板赊给她一点羊肉片。然后再到面包房去，对面包师说无数的好话，不过是为了让人家允许她家继续赊一些面包。每当这些事情成功的时候，小邓肯总是感到冒险的乐趣。她手里拿着全家的食品，跳着舞，高高兴兴地回家，心里充满了喜悦和欢欣。

还有一次，妈妈辛苦地编织了一些东西，商店却不肯收购，妈妈伤心地哭了。小邓肯看到了，便从妈妈手里接过篮子，把妈妈织的帽子戴在头上，手套戴在手上，冒着寒风挨家挨户兜售。结果，不仅东西全部卖掉了，她带回家里的钱还比商店收购的价钱多上一倍。

你看，在逆境中成长的孩子，是多么的能干和有勇气啊！这一切成为小邓肯最宝贵的财富，使她在以后的人生路途中，变得坚强而乐观，也成为她追逐事业的精神支柱。看看邓肯小时候的处境，再想想我们现在，也许父母给我们曾经准备了特别好的环境，优越的环境让我们根本无法体验到勇气带给我们的快乐，更不会有生活中的冒险精神了。给孩子一个自由的生长环境，激发他们体内的勇气，让他们尽量自由的发展，这是邓肯的亲身经历给我们总结出来的经验。

卢西留斯认为，快乐是那种肯定自己的人真正存在勇气的情绪表现。

如果你是被人们称为弱者的女性，那么，你就是你自己最大的敌人；如果你是勇士，那么你就是你自己最好的朋友。其实，在追梦的旅途中，你只要拿出自己的勇气，就能收获丰硕的人生。

我们生活在社会中，对手简直太多了。但是，千万记住别成为自己的对手。如果说，你在对付别人时能占上风或打个平手，在对付自己的时候，就可能甘拜下风，俯首称臣了。奴隶，是悲剧，而成为自己的奴隶，则是悲剧中最令人痛楚的一幕。

只有放开手脚，你才能成为自己真正的主人。

男人能做到的，女性照样能做到

很多女人常常不愿意像男人那样争取成就，她们害怕自己因此变得不像个女人。因此，"女人优秀和有成就是可怕的"这种想法常常在女性心中出现。正是"成功导致对失去的东西的畏惧"限制了女性。

有的女人认为自己天生似乎就是弱者，这让许多女人放弃了拼搏，她们认为弱者是要人来保护的，所以心甘情愿做弱者。

对此，撒切尔夫人认为，女人不一定要做男人一样的"强人"，但一定要做生活的强者。

享有盛誉的撒切尔夫人，就是以她的勇气和智慧，使自己从一个小杂货商的女儿，从英国一位普通中产阶级人士，成为英国历史上第一位女首相。她的奋斗史告诉我们，男人能做到的，女性照样能做到。

玛格丽特·撒切尔，这位改变英国、影响世界，并让所有人折服的女政治家，在长达11年的首相任职期间政绩卓著：她全力改革，使这个眼看没落的老牌资本主义国家跻身于世界前四强；赢得马岛战争，坚持与美国的特殊关系，巩固了英国在世界政治中的强势地位。

撒切尔夫人小时候家里经济不错，但做杂货店老板的父亲罗伯茨却一心要为女儿营造一种简朴节约、拼搏向上的成长环境，因而他们一家都住在杂货店附近一处租来的小房子里，这里的厨房和厕所都是公用的。她父亲这么做的目的，就是教她要有勇于改变环境的进取心。撒切尔夫人5岁时，罗伯茨就经常与女儿就各种问题展开辩论。在罗伯茨的教育下，撒切尔夫人7岁时就可以读书了。罗伯茨还经常带女儿到图书馆去，但只允许她看有关人物传记、历史和政治方面的书，一方面增加女儿对历史和时政方面的了解，为她将来走上仕途打下了基础；另一方面培养女儿勇于进取的性格。在父亲的精心培养下，撒切尔夫人11岁进入凯斯蒂女子学校后，在学校里，自信的她成为校辩

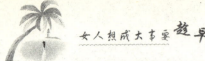

论俱乐部的头号辩手，以思想敏捷、观点独到、讲话准确、气势磅礴而使同学们甘拜下风。

中学毕业后，撒切尔夫人以优异的成绩考取英国著名的高等学府牛津大学。刚进入牛津大学时，她并不喜欢这个地方。对她来说，校园里那些纪念碑式的建筑物最初给人留下深刻印象的是它们宏大的规模而不是其精美的建筑特色。一切都显得冷冰冰的，而且有种奇怪的令人生畏的感觉。但因为她从小就养成了不怕困难、勇于进取的性格，所以，没有多久，她就适应了这里的环境。

在牛津，撒切尔夫人仍然过着自律简朴的生活，她每天6:30就起床，天色很晚才回宿舍休息。在大学里，她参加的唯一课外活动就是政治辩论。1947年，撒切尔夫人获化学学士学位后，在麦宁顿塞璐珞塑料厂搞化学研究，接着又到伦敦默沃斯·里昂斯担任雪糕检验员。

1948年，23岁的撒切尔夫人参加工作刚一年，她决定在肯特的达福德地区竞选保守党议员。当时，她是那一年竞选国家部门职位中最年轻，也是唯一的女性候选人，在人们看来，她根本就没有获胜的可能，但撒切尔夫人的竞争和无畏的精神，使她有勇气辞掉工作，加入竞选，并依靠自己的不断努力和顽强奋斗，终于在强手如云的竞选中脱颖而出。在英国这个传统守旧的国度里，在保守党政治斗争的漩涡与激流中，以勇气垫底，一步一步沿着成功的阶梯攀登，最终入住唐宁街10号，登上权力之巅。

许多时候，我们很需要撒切尔夫人这样的勇气。为了自己的理想，要有勇气舍弃一些阻碍自己的绊脚石，有人称这种勇气为生存勇气。在人生中，我们必须拥有这种勇气，才能获得成功。

在风口浪尖上舞蹈

莱妮·雷芬斯塔尔，至今仍被认为是在过去的一个世纪里，全世界最有天才又最具争议的女人。

21 岁那年，莱妮的膝盖因跳舞而受伤，在去看医生的途中，她看到了阿诺德·范克博士导演的《命运山峰》海报，电影镜头中的山峰仿佛具有一种异常的美，她在这种美里沉醉了。不久，她向范克毛遂自荐，要求在他的下一部影片中扮演主角。短短几年后，莱妮·雷芬斯塔尔已经成为德国最著名的影星之一。由于才气过人，莱妮演了几部电影之后，转作导演，她执导的首部电影《蓝光》成了她命运的转折点，因为希特勒迷恋上了这部片子，坚持让她创作一部纳粹党纽伦堡集会的纪录片，也就是后来的《意志的胜利》。该片获得威尼斯电影节大奖，但同时也为她带来了噩运。第二次世界大战以后，莱妮被盟军指控是纳粹的同情者，她被当时的盟国认为是"臭名昭著的电影导演"，被关押了三次，最终于 1947 年 8 月被释放。

莱妮有句名言："女人，是不被允许犯错误的。"作为导演，莱妮一生中只导演了 7 部影片，她辉煌的时代加起来只有短短几个月。但她在这几个月里的创造，超过了此前一切电影纪录片的总和，她的电影在世界电影史上造成了巨大的冲击，至今仍被认为是电影中的经典和大师之作，且没有一个导演可以超越，然而就是因为这几个月，世界不再原谅她。1947 年之后，莱妮重新开始尝试导演生活，但遭遇了失败。当年曾经同样为纳粹充当宣传工具的许多艺术大师们，包括卡拉扬、海德格尔都在战后获得了重新工作的机会，而且名声依旧显赫。但莱妮要赢得公众的广泛尊重是非常困难的，一些艺术家更是对她充满了敌意，她的电影生命被处以"死刑"，战后 50 多年的时间里再也没有执导或演出过任何影片。影评人里查德·考利斯就此评价得很坦率："那是因为《意志的胜利》拍得太好了；加上，她的风格；加上，她是个女人，一个美丽的女人。"拍摄了纪录片《莱妮的奇妙而可怕的生活》的导演莱·米勒这样形容："她的天才就是她的悲剧。"

在世人的诅咒中，从 20 世纪 50 年代开始，这位年过五旬的女人以照相机为伴深入非洲的黑人部落，远离人世纷争，生活了很长一段时间，《珊瑚礁花园》与《水中奇观》的摄影集使她成为不折不扣的专业摄影师。1974 年，在她 72 岁高龄的时候，她又开始了另一段奇妙的生活——学习潜水和海洋摄影。在此后的 18 年中，雷芬斯塔尔共进行了 2000 多次潜水，90 岁的她，仍然穿着潜水衣下到印度洋海底拍照片。

　　岁月倦了，真心未倦。天才女人莱妮用30年的时光创造了人生的巅峰，再用70年的时光去弥补自己的过失和别人的成见。现在，百岁的她终于老得无法动弹了，人们开始原谅她，并接纳她。

　　现实生活中，每时每刻都在发生着令我们无法预料的事情，无论是悲剧还是喜剧，同样令我们难以承受，在这种情况下，就需要我们的勇气了，要有勇气面对这些足以让我们的人生大起大落的突发事件。

　　从《邓小平文选》中，我们可以找到意大利著名女记者法拉奇这个名字。这位1930年出生、在采访世界风云人物的过程中，也成了被新闻界追逐的风云人物，被誉为"世界政坛采访之母"。她的采访生涯不仅极具单刀直入和不留情面的个人风格，还充满了悬念丛生的冒险冲突。在以色列，她被当时的总理梅厄夫人和国防部长沙龙视为"不好应付，极难对付"的记者；当着伊朗宗教领袖霍梅尼的面，她当面撕下强加给她的面纱，大声说："许多人说你是个新独裁者"；她还曾因等候时间过长，生气地将手中的书掷向卡扎菲的秘书，采访卡扎菲时并将对方逼得失去理性地胡言乱语；基辛格因与她访谈时不慎失言至今还深深懊悔，说他"一生中做得最蠢的事"就是接受法拉奇采访。

　　法拉奇后来与希腊的反政府左派领袖、著名诗人帕纳古里斯一见钟情，共同生活，并以他短暂的生命历程写出了《男子汉》一书，这本书以十多种语言的译本在全世界发行过数千万册。但在过去的近20年里，法拉奇一直保持沉默，不再发表任何文章。有人认为这是因为这位73岁的女记者在13年前查出患了癌症后，开始消沉了；也有人认为法拉奇之所以沉默，是因为她一直秉持的思想观念发生巨大变化的缘故。

　　"9·11"事件发生后，意大利著名报纸《Corriere della Sera》的编辑请求法拉奇"打破沉默，至少写几个字"，住在纽约曼哈顿并亲眼目睹双子星座世贸大厦倒塌的法拉奇，在极端愤怒和充满朝气的状态下，一口气写出了8万字的题为《愤怒和自豪》的长文。

　　美国媒体评论说，法拉奇"复出"后首次发表的这篇文章，"已成为欧洲新闻历史上最具震撼性的事件之一"，因为发表这篇文章的报纸，在4小时之内就卖出了100万份，打破了新闻史上的最高历史纪录。

常言说："两强相遇勇者胜。"这是经过长期检验的至理名言，没有一个成功的女人是轻轻松松取胜的，成功永远只选择强者。

那么我们的勇气又是从什么地方来呢？是心态，只要你有颗勇敢的心，你就什么都不怕了。

——想唱歌，就大声唱，别怕人家说你是"破锣"。

——想投稿，就勇敢地寄出去，能否发表是另一回事。

——想决裂，就断然提出，别拖泥带水，弄得进退两难，不可收拾。

女人，做一根独立的肋骨

依赖性是很多女人不能成大事的劣根所在，尤其是结了婚的女人，她们对丈夫的依赖性非常大。要认识到女人依靠的是自己而不是丈夫或他人！依赖别人只能让你处在被动地位，很难成就大事。

我们来看一看一个我们耳熟能详的女人靳羽西的故事。

靳羽西曾有过很多著名的男友，但是她却始终没有披上婚纱。就在靳羽西对婚姻已不再感兴趣的时候，一位朋友，美国著名男式服装店主利维把马明斯介绍给了靳羽西。

马明斯与靳羽西以往的男友不一样，望着在世界各地奔走，每天工作 18 小时的靳羽西，他说："羽西啊，你这样忙，我能为你做点什么？"

以前追求靳羽西的男人们都说："羽西呀，你整天这么忙，怎么会有时间给我呢？"

马明斯的话就像那句"芝麻开门"，一下子叩开了羽西的心扉，爱情的花朵绽开了。

马明斯是美国名声赫赫的商界巨子，羽西在跟马明斯正式交往之前，就听圈内的朋友说起过他。马明斯有过一桩美满的婚姻，可惜夫人不幸早逝。以后很长一段时间里，他对夫人一直未能忘怀，每逢她

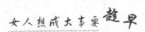
的生日或忌辰，他都要用玫瑰花纪念她。这个爱尔兰人谨守着古老的传统美德，令羽西由敬佩渐生爱慕。等到谈婚论嫁时，独立性很强的羽西提出了"三不"原则：不愿做坐享其成的阔太太，不愿做温室里的花朵，不愿放弃对理想、对事业的追求。马明斯都一一表示理解。

婚后的靳羽西和她的丈夫住在纽约的高级住宅区里，一栋6层建筑就是她的家。

相爱的人理当厮守，尤其像马明斯已步入花甲之年，更渴望妻子的温存。可靳羽西却不得不离开丈夫，在远离美国的地方开拓事业。数年前，为了培训从上海新招聘的美容小姐，靳羽西在中国一次逗留时间长达3个月。在纽约曼哈顿，马明斯几乎每天都给上海的妻子挂长途。

马明斯说："自从有了你，我已不习惯一个人过孤单的日子。每天回到自己大大的家，一个人这儿荡荡，那儿荡荡，你想象不出我多么难熬。"他还关切地说："你3个月在上海，每天这样拼命地干，怎么受得了啊！我带你去中国我们没去过的地方旅行一下好吗？你也该放松放松了。"靳羽西婉拒道："老公啊，我能去旅行吗？你带我到中国任何地方，人们都会认出我来。"

虽然如此，靳羽西绝非不近人情的妻子，除非特殊情况，羽西一般与丈夫分别都不超过两个星期。如果第三个星期还无法返回曼哈顿，她会设法安排马明斯的中国之行，或者她飞赴香港等地与他团聚。一旦回到美国，作为一种补偿，她几乎放弃所有个人活动，时时刻刻陪伴丈夫。马明斯喜欢打高尔夫球、爬山、滑雪和航海，尽管羽西并不喜欢这些运动，但她仍兴高采烈地陪着他玩。

随着时间推移，马明斯渐渐对妻子频频去中国产生了不满。美国的亲友们也善意地给她泼冷水："羽西，你何苦呢？你先生这么有钱，你疲于奔命了半辈子，干吗不做专职太太，享享清福？"

靳羽西没有停住脚步。"他对中国的感情毕竟跟我不一样，他改变了初衷，而我不能对我们共同的'孩子'不负责任啊。"她长叹道。

更糟糕的是，曾经被人羡慕的事业成功、感情美满的靳羽西夫妇，恰恰在感情上出了问题。靳羽西婚前曾把"他必须很爱很爱我，懂得保护并理解我"作为理想婚姻的首要条件，而现实情况却使靳羽西有口难言。

马明斯违背了婚前许下的诺言。靳羽西说："既然婚姻本身就是一个互守忠诚的诺言，我可以忍受他的坏脾气和很多坏习惯，但我最不能忍受他有一个女朋友。他们有 20 年的关系了。也就是说他在我们婚姻之外还有另外一个关系。"于是，靳羽西每次经过 12 小时的飞越重洋之后总怀着幻想走进家门，希望能挽回婚姻，但每次都失望了：马明斯并没有放弃婚外关系。尽管她并没有撞见最令人不堪的一幕，但她觉得已经到了最后对话的时候。

"我希望你能认真考虑这个问题，就是说做出一种选择。"羽西心中怦怦直跳。

"我不能改变什么……"马明斯回答道。

"这就是说，你不能专心于这个婚姻了。我感觉，我们的婚姻已经没有多大的意义了。"

靳羽西感到很奇怪，婚姻到了最后时刻，她同马明斯一直没有吵过嘴。他们握手言散，互相淡淡地吻一下就走开了。

羽西的独立使她失去了丈夫，但她并不遗憾。靳羽西毕竟是靳羽西，不久，她就一脸灿烂地出现在第四届世界妇女大会上。

在世俗的生活里，女人的情感生活，划出了一道渐变的轨迹。从青梅竹马开始，有的抛弃了童年的梦想，有的更新了求偶的目标，有的坚持着相亲的标准，有的支撑着平凡的家庭……

情感生活的变化，亦影响到了人生的变化。二者互为因果。

在女人的一生中，女人可以选择成为攀着男人躯体仰望天空的藤蔓，也可以选择站在男人身旁做一株挺拔的树，后者更让人尊敬和爱慕。靳羽西属后者，她把梦想当作了翅膀，一次又一次地在蓝天上划出生命的痕迹，她变成了美丽的天使，从此永远不再老去。

闻名于世、陷入千百万观众和崇拜者的重重包围中的意大利电影明星索菲娅·罗兰居然也会感到孤独，而且她还喜欢寂寞。她说："寂寞中，我正视自己的真实感情，正视真实的自己。我品尝新思想，修正旧错误。我在寂寞中犹如置身装有不失真的镜子的房屋里。"这位艺术家认为，形单影只常给她以同自己灵魂坦率对话和真诚交往的绝好机会。孤寂是灵魂的过滤器，它使罗兰恢复了青春，滋养了内心世界。所以她说："孤独时，我从不孤独。我和我的思维做伴，我和我的书本做伴。"

女人不做情绪的动物

女人是感情的动物，也是情绪化的动物。大事小事，甚至每月的月事，都会让女人情绪波动。在工作中，这种情绪化的表现有没有给你带来什么负面影响呢？

由于主客观的原因，人们的需要经常难以得到满足，因而就会产生这样或那样的消极情绪体验。不良情绪主要指过度的情绪反应和持久的消极情绪，常常以焦虑、抑郁、恐惧、易激动、冷漠等多种形式表现出来。产生不良情绪的原因错综复杂，既有个体的生理状况和心理因素的影响，也有客观环境因素的作用。随着社会的发展，竞争的加剧，女性在情绪、情感方面遇到的困惑和问题也会与日俱增，它不仅对个体的身心健康形成严重的危害，也会影响个人的精力，降低工作效率，导致人际关系的紧张，严重妨碍女性正常的学习、工作和生活，阻碍女性的成功。因此，必须正确认识它、正视它，恰到好处地控制它。

不能控制情绪的人，给人的印象就是不成熟、还没长大。

不说你也知道，只有小孩子才会说哭就哭，说笑就笑，说生气就生气。这种行为发生在小孩身上，大人会说是天真烂漫，但发生在成年人身上，人们就不免对这个人的性格感到怀疑了，就算不当你是神经病，至少也会认为你还没长大。如果你还年轻，则尚无多大关系，如果已经工作好几年了，那么别人会对你失去信心，因为别人除了认为你"还没长大"之外，还会认为你没有控制情绪的能力，这样的人，一遇不顺就哭，一不高兴就生气，这样能做大事吗？这已经和你个人能力有关了。

容易哭，还会被人看不起，认为是"弱"者。

哭其实也是心理压力的一种舒散，可是人们始终把哭和软弱扯在一起。不过大部分的人都能忍住不哭，或是回家再哭，但却不能忍住不生气。生气有很多坏处：第一，会在无意中伤害无辜的人，有谁愿意无缘无故挨你的骂呢？而被骂的人有时是会反弹的；第二，大家看你常常生气，为了怕无端挨骂，所以会和你保持距离，你和别人的关系在无形中就拉远了；第三，偶尔生一下气，别人会怕你，常常生气别人就不在乎，反而会抱着"你看，又在生气了"的看猴戏的心理，这对你的形象也是不利的；第四，生气还会影响一个人的理性，对事情做出错误的判断和决定，而这也是别人对你最不放心的一点；第五，生气对身体不好，不过别人对这点是不关心的。

　　焦虑也是影响女性成功的不良情绪之一。人只要生活在现实的社会环境中，她的生活和工作将不可避免地要面临一些困难、挫折，甚至是不幸。许多人的烦恼与焦虑就是由这些消极因素所引发。

　　成功最大的敌人其实并不是没有机会或是能力有限，而往往是缺乏对自己情绪的控制。许多成功女性的经历都充分说明良好的心理素质和控制能力是她们获得成功的关键。因为弱者任情绪控制行为，强者让行为控制情绪，高度的自制能使不利的事情向积极的方向转化和发展，成功就会与她们结伴而行。所以，每一个面临烦恼和焦虑的女性都必须时刻牢记：自制是一种美德。自制是一种最艰难的美德，有自制力才能抓住成功的机会。成功的最大敌人是自己，缺乏对自己情绪的控制，会把许多稍纵即逝的机会白白浪费掉。

要与时间赛跑

　　时间对于每一个人、每一件事情都是毫不留情的，是霸道的。所以前人才会有"一切节约归根到底都是时间的节约"的说法。时间可以被肆无忌惮地消耗掉，当然也可以被很好地利用起来。很好地运用时间，就是一个效率的问题。换句话说，在单位时间里对时间的利用价值就是效率。

　　有限的时间一点一滴地累积成人的生命，我们在这些有限的时间

里最大限度地发挥作用就能体现生命的有效价值。最大限度地增加这段时间里的工作效率就相当于延长了你的寿命。很明显，"效率就是生命"，这是不容置疑的。

马思明是一名华裔体操名将，17岁那年她赢得了全美运动会体操全能金牌。她的教练在评价她之所以获得成功之时，说了这样一句话："只是因为在马思明这里，她有能力把握每一天的时间。"

确实，当我们了解到马思明怎样度过每一天时，我们就会明白她的一天有多长！早晨5点钟起床，6点出门；6点30分至7点做热身运动；7点至9点半进行日常的例行计划训练；10点钟在学校上课，16点下课；16点至19点之前在体育馆继续训练；19点至23点在家做功课；然后上床睡觉。正如我们所说的当别的孩子在早晨走出家门之前，马思明就已经正式开始了她每日的训练。当别的孩子在电视机前消磨掉每一天的大部分课余时间时，马思明正在训练之后，驱车回家，并且完成一天的功课。当别的孩子还未将一天的最后时间从餐桌或游戏房找回来时，马思明已经开始了另一天。

凡是事业上有所成就的人，都有一个成功的诀窍。那就是变"闲暇"为"不闲"，就是不图清闲，不贪安逸。从无关紧要的事或休闲活动中"窃取"时间，变有限的人生为无限的人生，这才是积极的生活方式。

当然，人永远跑不过时间，但人可以比自己原有的时间跑快几步。这几步虽小，但用途很大。我们每个人都生活在自己的时间里，区别就在于使用时间的方法不同，因而，价值和意义就不同。所以，每个人都想在自己有限的时间里，实现人生无限的梦想。

"闲暇是一种罪恶！"有一位成功人士如此说，我们不主张人们过度工作，过度放松，希望人们能够劳逸结合，进行合理的放松、休闲。但在可能的情况下，如果将闲暇与你的目标结合起来，那么你就可以拥有双倍的效应，既享受闲暇，同时又向目标前进了一步，哪怕只有一小步！天天如此，月月如此，年年如此，你会惊奇地发现，你走出的有多远！

有一句话，人们说了好多好多遍，乃至人们对这句话已经无动于衷；但它却是不灭的真理。这就是："时间就像海绵里的水，只要你去挤，它总是有的。"

用月来计算时间的人，一年只能有 12 个月；用天来计算时间的人，一年只能有 365 天；用小时来计算时间的人，一天只能有 24 小时。而用秒来计算时间的人，将比用分来计算的人，时间多 60 倍；比用时计算的人，时间多 3600 倍；比用天计算的人，时间多 86400 倍；比用月来计算时间的人……

著名作家林清玄曾经写过一篇很有影响力的文章，名叫《和时间赛跑》，讲的是作者小时候因为外婆死去而很难过，爸爸为了安慰他，便告诉他："外婆是到另一个地方去了，她再也回不来了，就像爸爸回不到像你这样的年纪，而你回不到昨天一样。"他突然顿悟。他说："我感到时间的可怕，一旦过去，是再也回不来了。"

于是，他开始和时间赛跑。先是赶着在夕阳下山之前跑回家，后又把一个月的作业在十天内完成，三年级的他去做五年级的题目——他终于走在人们的前面，不论遇到什么事，他都毫不松懈地一口气做完，这使他步步成功，过得很充实。作者最后说："能和时间赛跑的人便是一个成功的人，他的一生才不会虚度。"

真正会节省时间的成功人士，一般都会自己挤时间，他们会将自己的时间安排精细到分秒，比如一位成功的女性是这样说的："我的时间概念是'准时'；我不把时间浪费在对失败的懊悔和气馁上；我不因没有办成某事深感内疚而浪费时间；我试图每天摸索一种能帮我节省时间的窍门；我把手表拨快三分钟，干什么事都先走一步；我永远减少一切'等候时间'，如果不得不等的话，我把它看作是"赠予时间"用来休息或干一点别的什么事。"

正如达尔文所说："我从来不认为半小时是微不足道的很小的一段时间。完成工作的方法，是爱惜每一分钟。"你必然用分、秒来计算自己的时间，唯有如此，你的一天才不仅仅有 24 小时；也唯有如此，你才能走入成功。

都是拖延惹的祸

人们都有这样的经历——清晨，闹钟将你从睡梦中惊醒，想着自己所订的计划，同时却感受着被窝里的温暖，一边不断地对自己说："该起床了。"一边又不断地给自己懒在床上寻找各种借口。于是，在忐忑不安之中，又躺了5分钟，甚至10分钟……

拖延是对惰性的纵容，一旦形成习惯，就会消磨人的意志，使你对自己越来越失去信心，怀疑自己的毅力，怀疑自己的目标，甚至会使自己的性格变得犹豫不决。

深夜，一个危重病人走到了他生命中的最后一分钟，死神如期来到了他的身边。他对死神说："再给我一分钟好吗？"死神问他："你要一分钟干什么？"他说："我想利用这一分钟看一看天，看一看地。我想利用这一分钟想一想我的朋友和我的亲人。如果运气好的话，我还可以看到一朵绽开的花。"

死神说："你的想法不错，但我不能答应。这一切都留了足够的时间让你去欣赏，你却没有像现在这样去珍惜，你看一下这份账单：在60年的生命中，你有二分之一的时间在睡觉；剩下的30多年里你经常拖延时间；曾经感叹时间太慢的次数达到了10000次，平均每天一次。上学时，你拖延完成家庭作业；成人后，你抽烟、喝酒、看电视、玩游戏，不好好工作，虚掷光阴……"

说到这里，这个危重病人就断了气。死神叹了口气说："如果你活着的时候能节约一分钟的话，你就能听完我给你记下的账单了。唉，真可惜，世人怎么都是这样，还等不到我动手就后悔死了。"

要知道人并不是因为跑得不快而赶不上火车的，而是因为出发晚了才赶不上的。而拖延，真的是浪费时间、浪费生命的最好办法。应做而未做的事会不断给人压迫感，导致拖延者心头不空，因而时常感到时间的压力，这会让拖延者心力交瘁，同时还浪费了宝贵的时间。

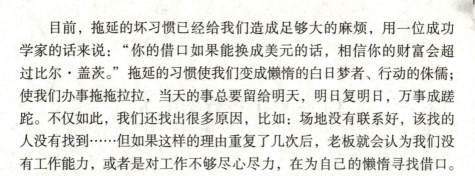

目前，拖延的坏习惯已经给我们造成足够大的麻烦，用一位成功学家的话来说："你的借口如果能换成美元的话，相信你的财富会超过比尔·盖茨。"拖延的习惯使我们变成懒惰的白日梦者、行动的侏儒；使我们办事拖拖拉拉，当天的事总要留给明天，明日复明日，万事成蹉跎。不仅如此，我们还找出很多原因，比如：场地没有联系好，该找的人没有找到……但如果这样的理由重复了几次后，老板就会认为我们没有工作能力，或者是对工作不够尽心尽力，在为自己的懒惰寻找借口。一旦在别人的心目中形成这样的印象，可绝对不是一个好兆头。

导致人们有拖延时间想法的原因，是想通过这种自我欺骗的行为来逃避现实。

"以后"、"明天"、"下个礼拜"、"将来某个时候"或"有一天"，往往就是"永远也完不成"的同义词。有很多好计划没有实现，只是因为当我们应该说"我现在就去做，马上开始"的时候，却说"等一会儿，我一定会去做"。

如果你时时想到"现在"，就会完成很多事情；如果常想"将来有一天"或"将来什么时候"，那将一事无成。"今日事今日毕"是我们在小学思想品德书上学会的好习惯之一，只是，有很多人都将它忘记了。而富兰克林也强调说："今天可以做完的事情不要拖到明天。"

由此可见，克服拖延的最好办法，就是"立即去做，马上动手。"因为多拖延一分，就足以使事情难做一分。想要彻底克服拖延就要给自己要做的事情设定完成日期或时间，制订具体的计划，完成后可以适当的给自己一些奖励。奖励可以是一杯提神美容的红茶，一本引人入胜使人思考的书……只要是你喜欢做的事情，都可以成为对自己的小小奖励。

女性朋友千万不要靠在沙发上，说："该去洗衣服了，不过明天还有一套衣服可以穿，那就明天晚上再洗吧！"或者坐在办公桌前想："资料要下个星期才用呢！不着急。"今天的事不做而想留待明天做，就会在拖延中耗去大部分的时间、精力。在最初可以很愉快容易地做好的事，拖延了数日数星期后，就会显得厌烦和困难了。

要知道每个人每天都有自己的事。今天的事是新鲜的，与昨日的事不同，明天还有明天的事。今天的事就应该今天做完，千万不要拖延到明天！

做一个井井有条的人

现代人每天的生活就像是上紧发条的时钟，忙碌的上班族每天都有打理不完的琐事，既影响了心情，又降低了劳动效率。其实，在生活和工作中，做一个井井有条的人，既能省时，又能创造经济效益。

现代女性想要自己的工作井井有条起来，首先要做的就是培养自己做事情的习惯，也就是做事情要有条理性。而一个人做事情是否有条理性，有目的性，从这个人本身的生活习惯就能看出来。就像一个成功人士不可能有一个乱七八糟的卧室一样，人的习惯决定着一个人做事情的方法。

现在很多女性上班族在外面打扮的光鲜亮丽，自己的卧室却乱七八糟，物品摆放也没有秩序，让人看了忍不住要皱眉。真正的成功人士，会将自己的生活和工作安排的井井有条，自己的生活像一团乱麻、理也理不清的人，是不会成功的，即使成功曾经向他靠近过，也会被他一团糟的生活而吓跑。

所以，女性朋友们要想成功，还是先从改变自己的卧室开始吧！让自己的卧室干干净净、清清爽爽的，也同时让自己成为一个井井有条的人。很多成功女性都能很好地处理自己的生活，杨澜工作生活两不误，悠闲地享受着自己的人生；赵雅芝拍片生活两不误，不仅家庭和睦，还将自己的青春延长了。

很多女性成功人士都说："只要时间安排合理，没有什么不可能的。"事实也确实如此。一位白领女性这样说："以前我工作和生活总是协调不了，工作、生活都一团糟。后来我开始思考到底怎样才能让我的生活和工作都井井有条起来，于是，我从打扫我的卧室开始，培养自己做事情井井有条的习惯。现在我的卧室干净了，工作也走上正常轨道了，最近也升职了。但是，增加的工作并没有压垮我，我甚至还能每周去做美容。"

不仅生活需要井井有条，工作更需要井井有条。这样，才会提高自己工作的效率。每天早晨做的第一件事应该是安排这一天的大事表，把新的工作加进大事表中，然后按照你的安排进行工作。每完成一件大事表上的事情，就划掉一件事情，下班回家前，记住再看一遍大事表，想想明天最重要的工作，然后为自己排定时间，写在明天的大事表上，便于明天一早就动工。这是一个非常好的省时省力的工作秘诀。

另外，从办公桌物品上的摆放可以看出一个人的办事效率及态度，凡是桌上物品任意堆置，显出杂乱无章的样子，相信这个人的工作效率一定不高，工作态度也极为随便。相反，桌子上收拾得井井有条，显出干净清爽的样子，想必是个态度谨慎、讲效率的人，事实也的确如此。

在大多数公司里，似乎每个人的桌上都是一团乱。但是，我们干吗要把东西全都堆在桌子上？也许我们把一张又一张纸、档案夹、留言条全往桌上摆，想提醒自己别忘事。我们以为只要自己看见这堆东西，就会记得动手处理，可是往往事与愿违，这些小纸条不是常常不翼而飞，就是被埋在层层文件之下，只有在电话猛然响起，或是有人找上门来，向你讨这要那时，我们才会猛然想起，事情拖了大半天还没做。

要把事情整理得井井有条，其实很简单，一旦上了轨道，你会发现要保持这种习惯并不困难。到了你确定清理办公桌的那天，请把门关上，准备好垃圾桶，"这份是什么文件？这文件怎么到我手上的？我打算怎样处理它？"要是你想不到它还有什么保留的价值，马上把它扔掉！你桌上至少有 60% 的东西都可以扔掉。要不然就放进回收筒，或是改发给别人。

办公桌内多半有一个抽屉，是设计成专门放档案夹的。你要把这个抽屉当成一块沃土来好好照料。你最常翻阅的文件、资料、档案，应该放在随手能拿到的地方，所以放得越靠外面越好。比较不常碰的东西，就放在靠里的抽屉。

至于有保管价值但你很少看的文件资料等，不应占着办公桌附近的位置，应该放到边柜的档案抽屉，或是办公室的其他档案柜，或全公司的中央档案系统。还有，你可能不会再翻阅（除非有大麻烦发生）但非留不可的档案，应放在可搬动的档案箱中，放到办公区域之外的地方。

抽屉里要放一些备用的档案夹，当你想开新档案夹的时候，顺手一拿，然后写上这个档案的标签，不要浪费时间去打字，虽然打字的

标签看来整齐美观，但要一个个打字，是相当耗时的工作，尤其是当你只打一个标签的时候。至于积攒了一堆的专业期刊、员工刊物、杂志、报纸等等，可以做成剪报，把有用的资料留下来，建立阅读档案。

在这个瞬息万变的世界上，谁能快速活用信息，谁就掌握了高度的竞争优势。所以要是有信件、备忘录、刊物、报章杂志等传到你手上，先快速浏览一遍，看看有没有你可以立刻派上用场的内容。如果这份资料的确很重要，就立刻看完。若是没那么紧迫，就先把它放在你预备好的专用剪报阅读档案夹中。等到你有空了，再打开这个档案夹，看看有没有重要信息，用完的资料要记得归入适当的档案，或者你也可以针对某个主页开个档案夹，把相关的资料都放进去。

认识自己，扬长避短

有一只兔子，身材很修长，天生就很会"跳跃"，所以它一直有着"跳远第一名"的美誉，为此，它感到无比自豪和光荣。一天，森林里的国王宣布，要举办运动大会，以提倡全民运动。

于是，兔子报名参加"跳远"项目。果然兔子又击败了鸡、鸭、鹅、小狗、小猪……夺得了跳远比赛的冠军。

后来，有一只老狗告诉兔子："兔子啊，其实你的天分资质很好，体力也很棒，你只得到跳远一项金牌，实在很可惜。我觉得，只要你好好练习，你还可以得到更多比赛的金牌啊！"

"真的啊？你觉得我真的可以吗？"兔子似乎受宠若惊。

"没错啊；只要你好好跟我学，我可以教你跑百米、游泳、举重、跳高、推铅球、马拉松……你一定没问题啊！"老狗说。

在老狗的怂恿之下，兔子开始每天练习跑百米；早上就跳下水游泳，游累了，又上岸，开始练举重；隔天，跑完百米，赶快练跳高，甚至撑着竿子不断往前冲，接着，又推铅球，还跑马拉松……

第二届运动大会又来了，兔子报了很多项目，可是它跑百米、游泳、举重、跳高、推铅球、马拉松……没有一项入围，连以前最拿手的"跳远"，成绩也退步了，在初赛就被淘汰了。

我们人也是一样。有些人拥有很强的欲望，以为自己无所不能，所以想在各个方面都出人头地，成为人人欣羡的名人。于是，她们就像兔子一样，在别人怂恿之下，信心十足，觉得自己没问题，既可以成为演说家，又能成为主持人；既可以当演员，又可以做作家；既可以参选民意代表，又能参与公益活动，更能投资开公司、当老板……最后的结果往往是得不偿失，落得竹篮打水一场空的下场。

因此，女人要记住——专注，才是成功的秘诀！女人必须两只眼睛都"专注"地、"心无旁骛"地放在一项事业上。而且，女人还必须了解自己有什么，没有什么，懂什么，不懂什么。

要知道，一个人不可能精通所有事物，因为，"样样通、样样松"啊！

我们这一生，不一定要拿"博士"学位，但一定要成为"专家"，因为，不管是从事哪个行业，只有成为顶尖的人才，才能真正地出类拔萃、出人头地！

人无全才，各有所长，亦各有所短。所谓女人要了解自己的优点，就是要充分认识自己，扬长避短。

我们每个人都各有所长和所短。很多人将精力集中于自己的短处，以为在这里找到了她为何不成功的原因，因而她把很多精力放在如何改正自己的缺点上。但她不知道，多数的短处完全不会影响我们的成功，"最好的玫瑰不是那些长刺最少的，而是开花最绚丽的。"没有人仅仅因为她减少了她的弱点而变得成功，比这更重要的，是发扬你的长处。

无数成功女人的人生经历都告诉我们：在我们的个性中都深埋着独一无二的生命活力，并且这种潜能底蕴深厚，勃勃待发，它们透着光芒，等待主人去发现、去挖掘。哪怕你的身体是有缺陷的，也仍然有自己的闪光点，如果你能下工夫去发扬它，也一样能与成功有约！

张海迪以残疾之躯成就了个人伟大事业靠的是她那不屈的意志和执着的毅力。但是，有一点我们也许并不了解，那就是张海迪的成功很大程度上是她善于在缺陷中挖掘自己的长处，并下工夫去发扬它的结果。

开始时，张海迪想自己作为一个残疾人，有没有长处？最大的长处又是什么？对于这个问题，她苦苦进行思索。后来她认定自己的长处是记忆力强，多少东西一旦印入自己的脑海会经久不忘。"对！就学外语，学习了外语，通过对世界的了解扩大对生活的感受，将来，我还可以搞翻译，提高自己的文学水平，这样一举两得，何乐而不为？"张海迪对自己有兴趣的学问进行了一番尝试和筛选，终于找到了最佳的突破口。

没有英语教材，张海迪就把"文革"前的旧英语课本整章整本地抄下来。她煞费苦心，自己"编辑"了一本奇特的英语教科书：一个厚厚的大本子，里面贴满了她平时搜集的印有英文说明的糖纸、药品说明书、袜子标签、烟盒、食品包装等。她说，读这样的"书"，学得快、记得牢。她逢人就问，慢慢地把一些字母串起来。

没有英语环境，张海迪就充分利用自己的房间，她在书桌上、书架上、床单上写满了英语单词、语句，能用手够得着的墙上都贴得密密麻麻。在张海迪的书桌上摆着一个泥塑的会摇头的"小县官"，那是妈妈送给她的生日礼物。过去工作累了，她常常摆弄它，与之逗乐。现在，却在它相应的部位上全写上了耳朵、眼睛、鼻子、嘴巴等英文单词。

在时间的利用上，张海迪更是分秒必争。有时，一边吃饭，一边念念有词地背诵，有几次竟然把笔插进饭碗里。她本无饮茶的习惯，但为了学习，每天晚上都要饮一壶又苦又涩、像中药汤那样的难以下咽的酽茶，借以提神。她还给自己立下了一条规则，每天背不熟规定的单词数，就自己打自己的板子。

艰苦的学习，对于身体健全的人来说，只是精力的聚集、体力的消耗，劳累了只需要稍事休息，便可得到恢复和补充。但张海迪的学习，却远不止于此。她有时连续坐上几个小时，上身疼痛难忍，尚可用顽强的意志来克服，而三分之二的下身，却麻木得如同一块木墩子。常用一种姿式，久不活动，生出一个个褥疮，这处感染化脓未封口，另一处又开始溃烂。张海迪就趴在床上，用肘支撑上身，翘着头，看书写字。为了攻克英语这座火焰山，张海迪那有知觉的部分肢体，付出了血的代价。她读啊，写啊……张海迪用过的英语练习本，摞起来有两尺多高，她的英语水平也在不到两年的时间内，就达到了高中毕业的标准。

无论是谁的身上都有一定的长处，欲成功的女人要通过全面、细致地分析，把它挖掘出来，在确定突破口的时候，更应该充分地利用这种优势。张海迪没有选择运动员、舞蹈家作为人生目标，因为那需

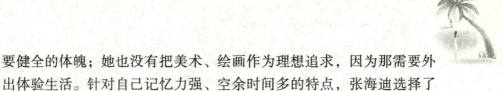

要健全的体魄；她也没有把美术、绘画作为理想追求，因为那需要外出体验生活。针对自己记忆力强、空余时间多的特点，张海迪选择了英语作为自己的突破口，这完全是张海迪个人能力与条件所能企及的。

当然，要成功的女人在选择了突破口之后，一定要下工夫去钻研，千方百计地克服困难去实现目标。张海迪自己动手编写英语课本、布置学习环境，都是在积极地创造条件。在操作步骤上，张海迪为自己制订了计划，每天强迫自己完成规定的任务，这样就把一个大的目标进行了细化，既不会产生畏难情绪，也不会"今日待明日，明日待后日"地拖延下去。更为可贵的是，张海迪能够克服病痛的折磨，以顽强的意志攻克英语学习的难关，正所谓"有志者，事竟成"。可见，要成功仅靠发现自己的长处是远远不够，更重要的是在选择了突破口之后，要集中精力、时间去追求既定的目标，如此一定会有所收获、有所成就。

知人者智，知己者强

在希腊帕尔纳索斯山南坡上，有一个驰名世界的古希腊戴尔波伊神庙。据文献记载，在它的入口处人们可以看到刻在石头上的字："认识你自己。"

认识自我不是一件很容易的事情。在生活中，很多的女性在浪费自己的天赋和才能，为什么这个世界上伟大的女性总是远远比男性少？可能就与这种资源的浪费有直接的关系。

任何一位成功者，必定对自己有一个清醒而正确的认识。事实上那个阻止你成功的正是你自己而不是别人。只有充分了解自己，才能有所作为，作为现代女性，对自身的认识至关重要。

古人曰："人贵有自知之明。""贵"字不仅表明一个人有自知之明是多么的难能可贵，而且意味着一个人要有自知之明并不是一件轻而易举的事。

　　了解自己难，这不仅因为"当局者迷"，还因为人的确难以客观地观察和把握自己。衡量他人是比较容易的，我们可以毫不费力地如实评价，也许你可能当某人的面说一些言不由衷的吹捧话，但你的内心绝对知道此人的真正瑕疵。而面对你自己的一言一行时，你过滤缺点的网便具有很大的网眼，你也许并不是有意为之，而是你的自尊心有意使然。

　　成功者最善于通过生活中能照出自己一切真实表象的镜子来剖析自己，调整自己，完善自己。

　　肯定自己、欣赏自己、喜欢自己，这是自我发现，迈向成功的第一步。

　　先找到自己的优点，学会肯定它，看出自己与别人的不同，试着欣赏它，这样在芸芸众生当中，你突然间又发现了一个可爱的人，才会不自觉地喜欢上自己。

　　喜欢自己，不是一件容易的事。绝大多数人容易喜欢别人，欣赏偶像。

　　我们与名人相比较，自己仿佛一无是处。即使是身边最普通的朋友，有时也让我们心生羡慕，自叹弗如。

　　其实，即使是最成功、最有影响的人物，也一样有不如别人的地方。假如我们以影星巩俐做例子，这样一个美丽又多才的女人，我们有什么地方比她强吗？

　　一定有。也许你书读得比她多，也许你搜集的邮票堪称一绝，也许你有几位交情深厚的同性好友，也许你球打得比她好。

　　不论是容貌、财富、能力、经验，或是爱好、家庭、朋友、师长，至少你要能找出自己比别人强的几点理由。

　　我们的内在都有等待开发的优点，也许那优点微不足道，但是小树也有长成大树的一天。一点点的优点，只要得到充分发挥，说不定正是伟大人物的起点。

　　在这个世界上，本来已经充满了阻挡我们前进的重重障碍。所有的成功人物，莫不是在生活的重重煎熬中，不休不止地与自己奋斗，与他人抗争。这样的对抗已经万分艰难，在艰难之余，还能够流露出自在的魅力，不免使我们好奇，他们的力量来自何处。

　　答案很简单，除了别人的认可，自己给予自己的支持最为重要。

如果连自己都不支持自己，那么还有谁会推动你走下去呢？

也许对很多女人来说改变自我是一种极大的痛苦，但对那些决心要改造自身劣势的女人来讲，改变自我却是一种乐趣和幸福，因为她们是在为成功人生而对自己负责。

董思阳的名片上，印着一连串"吓人"的名头——香港凤博国际集团有限公司董事长、中国喜客多连锁餐饮有限公司执行总裁、亚洲智慧女性的副会长、北京燕园智慧大女性文化交流中心——恐怕，如今的她还要再加上一项："商界在线"形象代言人。

"许多人都问我成功的诀窍，于是，我就告诉他们，其实成功真的有捷径。"董思阳说，"第一，就是要认识自己，相信自己。找到属于自己的道路，然后坚定地走下去。第二，要学会反省自己。时常反思，可以避免走弯路。第三，环境影响人生。有时候，在不同的环境里，接触不同的人，就会有不同的发现，甚至会有意外的惊喜！所以，一定要选对适合自己的环境。"

董思阳的创业传奇更令人神往——

董思阳出生于 1985 年，原籍山西太原，但自幼在台湾长大。15岁那年，留学新加坡，2006 年从新加坡南洋理工大学毕业，进入美国斯特福大学攻读 MBA。

16 岁卖花，开过饰品店，做过推销员，当过私人助理……17 岁时，她偶然看到一本名为《亚洲华人企业家传奇》的书，这本书介绍了很多成功的华人企业家，其中李嘉诚和郭台铭的创业故事将她深深的触动。不仅是因为他们白手起家且一波三折的创业艰辛，更在于他们获得成功之后对于社会的种种回报，这让当时只有 17 岁的董思阳从懵懂的商业意识一下子清楚地认识到了企业家的价值所在。反复阅读这本书之后，她憧憬着自己成为华人史上最杰出的女企业家。从此，在学习之余开始了她的经商生涯。

梦想从现实开始。她开始利用业余时间在学校独立经营自己仅有两平米的小店，卖各种小饰品；后来发现，大陆的货源充足，价格便宜，当时，仅有 17 岁半的她亲临浙江义乌购买新加坡罕见的小饰品。

幸运之神似乎总是很垂青那些执着的人。19 岁，董思阳靠着自己以前积累的经验以及对市场的敏感度，实现了人生第二次转变——靠卖橘子树的方式赚到了第一桶金——50 万新币。新加坡人比较相信风

水，他们过年的时候买橘子树摆放家里期盼吉祥。但是新加坡位于赤道附近属于热带雨林气候，橘子树也就非常地少。每逢新年很多橘树经销商都会从周边的一些国家进口大量的橘子树以满足当地市场的需求。董思阳在网上看到一个园林商发布的信息，她第一反应就是觉得这是一个非常难得的商机，通过与那位园林商的交流，她很快与这位园林商达成了协议：两天进一次橘子树，每一次50株。后来，她在橘子树上装些跟圣诞树一样的小饰品，在网上出售。

之后利用这笔资金与几个朋友建立了一家贸易公司，后来发展成为香港凤博国际集团有限公司，主要做电脑软件进出口以及物流和人力资源调配，目前有近800名员工。

22岁，她又看中有机食品行业蕴含着巨大的商机，在上海创立了中国第一家有机茶餐厅——上海喜客多连锁餐饮，倡导健康饮食理念、普及有机健康食品，预备一年内在北京、上海、深圳发展20家加盟店。

古语说："知人者智，知己者强。"如果你对自己想做什么非常清楚，你的愿望非常明确，那么使你成功的条件很快就会出现。遗憾的是对自己的愿望特别清楚的人并不是很多。你需要清楚地了解自己的雄心壮志和愿望，并使它们在你的内心逐渐明晰起来。

知道自己想做什么是成功的主要因素之一。许多人都经历过自我怀疑和不确定的时期，甚至有时走入了死胡同。要想改变这种状况，要做的是放松自己，退回到自己的内心世界，让你的思绪和想象力自由飞翔，回忆你在奋斗的道路上放弃的梦想，要知道这些梦想常常包含着人生真正职业的种子。把你的思想交给你的下意识，让它来帮助你找到你真正的愿望。

性格是才华的依托

如果说宇宙间最大的力量是惯性的力量，那么，对于个人而言最大的力量便是习惯的力量，而性格又是决定习惯的主要因素。

性格是表现在人的态度和行为方面的较为稳定的心理特征，是个性的重要组成部分。性格不仅影响一个人的生活状况、婚姻家庭，也影响一个人的人际交往、职业升迁、商务活动、事业发展、经营理财等，性格决定一个人的成败得失，决定一个人的前途命运。

不同的人总是面临相同的环境，然而不同的人却有不同的命运。有一种说法，叫"性格决定命运"，意思是说，在同样的环境下，人的特性不同，决定了人的命运不同。

人的一生的发展，不像小河的流水，顺其自然，而是有个从自发到自觉的过程。在一定的客观条件下，一个人要做什么或不做什么，追求什么或反对什么，向往什么或抛弃什么，或多或少，都有选择的可能。这种选择受个人思想和意志的支配，受个人性格特征的制约。比如，有的人性格特征表现为：对未来抱有乐观态度，善于接受新事物，愿意投身社会贡献力量。这种人的行为表现一定是向前看，大胆果断，朝气蓬勃、敢于创新，那么，他们就会成为推动时代发展的"弄潮儿"，个人就会有好的"命运"。有的人的性格特征表现为：对未来悲观，维护传统观念，屈服于习惯势力，反对新生事物。这种人的行为表现一定是留恋过去，思想保守，满足现状，缺乏自信，消极处世。那么，他们就会成为时代发展的"弃儿"，不会有好的"命运"。

性格意志特征积极的人，在对待困难、挫折和难以预料的变故时，个人行为特征多表现出坚定不移、勇敢果断、不屈不挠、沉着冷静、拼搏向前，由于这种意志表现能够经受住磨难的考验，"车到山前必有路，柳暗花明又一村"，大难过后，必逢生机，像这种具备不怕困难，执着追求性格的人，常被认为是命运好的人。性格意志特征消极的人，在对待困难、挫折和难以预料的变故时，个人行为特征多表现出犹豫不定、思难而退、消极懈怠、潦倒丧志、自暴自弃，像这种经受不住困难和挫折考验的人，缺乏重整旗鼓的心志和勇气，在事业上很难取得成功，常被称为是命运不好的人。

性格的外在表现特征，也影响个人才智的发挥，经心理学家调查发现，性格外向的人，由于独立性强、大胆果断、开朗活泼、机灵敏捷、无拘无束、富于感染力，表现的机会相对多一些，个人才智往往能得到充分发挥。性格内向的人，由于自尊心强、腼腆羞怯、谨慎稳重、深沉远虑、犹豫不决，表现的机会相对少一些，个人才智往往得

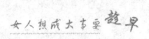

不到充分施展。

巴甫洛夫说："性格是天生与后生的合成，性格受于祖代的遗传，在现实生活中又在不断改变、完善。"

性格，作为人的典型的、稳定的心理特征，它的形成具有两个方面的因素：一是人的生理素质，即心理学家所说的素质；二是在社会实践中后天的努力。

人的性格的形成有先天因素和后天因素，先天因素是人的本性使然。后天因素与人的生活环境、实践活动有着密切关系。人的生活环境不断改变，社会实践活动不断发展，人的性格也就会不断发展变化。如：在日常生活中经常遇到以下情况，过去，两个人在一起工作，彼此互相了解，中间因故分离，相隔几年后又会面，往往会有这样的感觉：过去观点和行为比较现实的人，会变得浪漫起来；过去感情含蓄的人，会变得表现力强、开朗、活泼。这就是俗话说的"三日不见，须刮目相看"。

人们的个性品质反映着他们在社会中所处的地位。他与周围环境的相互关系，个性品质是在积极的实践活动中形成的，也表现在实践活动中，由于生活环境不同，实践活动不同，会形成不同的个性品质。列夫·托尔斯泰曾用河水的流动变化，形象生动地比喻了性格的发展变化。他说："好比河，所有的河里的水都一样，到处都是同一个样子，可是每一条河都是有的地方河身狭窄，有的地方河身宽阔，有的地方河流湍急，有的地方水流缓慢，有的地方河水清澄，有的地方河水混浊，有的地方河水冰凉，有的地方河水暖和。人也是这样，每一个人身上都有一定人性的胚胎，有的时候表现这一些人性，有的时候又表现那一些人性。他常常变得完全不像他自己，同时却又始终是他自己。"任何一个人都是在一定历史条件下和社会关系中生活的个人，他的性格决不会超脱现实，自由发展。每个人的性格都必然要深深地刻上社会现实的印痕，使他自己的性格既要被动地顺应环境，又要主动地改变环境。被动顺应环境的方面，必然影响性格的变化。

永远年轻，永远热泪盈眶，永远在路上。

让梦想成真——这是一件伟大的事情

小时候，很多人都梦想过变成一艘船或一架飞机。

长大了，还仍然找不到那艘载着你的全部梦想的航船——它究竟在哪里？

你是一个追求成功的梦想者吗？

从人类历史中删去了那些梦想者的丰功伟绩，还有谁愿意去读历史呢？

现在的一切，不过是过去各个时代梦想的总和——过去各个时代梦想实现的结果。

没有梦想，也就没有今天你正享用的电话、电脑、汽车、飞机等。

世界上最有价值、最有用处的人，就是那些"能够远远望见世界文明的将来，瞻望到未来人类必从今日所有的种种窄狭束缚的桎梏、迷信中解放出来，能够预见到事情之当然，同时也有能力去实现它们的人。"

每个人都是生活在梦想之中的，给她一个梦想的舞台，她就能尽情表演。

拥有一个梦想其实很容易，可是实现梦想的旅途不会一帆风顺。也许正是这追逐的魅力，让人不断地去挑战自己，征服困境。在过程中，最害怕的不是梦想太难，而是千辛万苦地实现了梦想后失去目标的茫然。

失去目标和梦想的女人就会老，一个女人如果有梦想和目标，并时刻为之努力不息，即便到了40岁、50岁的时候，她看起来也还是年轻的，因为她身上永远闪耀着青春的活力。

美籍华人靳羽西从小就有很多梦想，她是个好奇心很重的孩子，对什么都感兴趣，什么都想尝试一下。她学过钢琴、绘画、音乐、芭蕾、英文、法文等。她的父亲曾经对她说过这样一句话，"你要做第

一个进入宇宙空间的人，而不是第二个。没有人会记得第二个人的名字。"这句话对她影响很大，使得她的性格充满了冒险精神，也使得她在后来的人生道路上留下了一个又一个"第一"。

作为第一个被称为"将东西方联系起来"的电视记者，靳羽西当年制作并主持的104集电视系列片《世界各地》使中国人第一次通过电视了解了世界。那是中央电视台的屏幕上首次出现由美国人制作并主持的节目，羽西也因此征服了全中国的观众。明眸皓齿的她成为当时最著名的主持人之一，直到现在，她独特的主持风格仍然被年轻一辈模仿着。《纽约时报》评价靳羽西时这样说道："很少有人能在东西方之间架起桥梁，但靳羽西却能够做到，而且做得优美、聪明、优雅。"

通过做主持而使自己名扬世界，这对一个女人来说已经十分不容易，十分了不起了。但她明白这远远不是自己要到达的终点，她是一个永远都有目标的女人，由主持退隐后的她又开始追寻她的另一个梦想。

这个梦想就是为亚洲女性做化妆品，在外国品牌充斥中国化妆品市场的激烈竞争中，靳羽西柔弱的双肩承受着一般女性难以承受的巨大压力。羽西自己也坦然承认，她的心理压力很大，而且面临着永远的竞争。但她丝毫不怕竞争，她把自己当作最大的竞争对手，自我挑战就是她的最大挑战。

羽西成功的不仅仅是事业，还有她的为人、她的修养、她的观念，这些都让人们对她佩服有加。一位记者这样描述她眼中的靳羽西："羽西是怎么也看不厌的，她眼梢嘴角的笑容永远让人感受到新鲜和活力，永远让人惊艳。"

《老人与海》中的老人在海上孤独地同鲨鱼搏斗最终却只拖回了鱼骨。可他是幸福的，因为他懂得去追逐梦想，没有鸟飞的天空是寂寞的，有明确终生奋斗目标的人是幸福的。

在人生的征途上，很多东西可以果断遗弃，但有一样东西千万别遗忘，那就是梦想。有梦想的女人才能走得更远。放飞心中的梦想吧！让梦想铸就你非凡的人生。

成功从选定目标开始

歌德说："一艘没有航行目标的船，任何方向的风都是逆风。人的一生中最重要的就是树立远大的目标，并且以足够的才能和坚强的忍耐力来实现它。"

杰出人士与平庸之辈的根本差别并不是天赋、机遇，而在于有无目标。

成功从选定目标开始。人生要有目标，要有计划，要有紧迫感。

有了目标，内心的力量才会找到方向，漫无目标的努力或漂荡终归会迷路，而你心中的那座无价的金矿，也因得不到开采而与平凡的尘土无异。你过去和现在的情况并不重要，你将来想获得什么成就才是最重要的。

对那些老是在生活中迷失方向的女人来讲，最痛苦的事莫过于看到别人朝着已有的指针行进着，并且每天都有收获。而自己由于各种原因，整天都像无头的苍蝇一样，撞到哪儿算哪儿。大多数人像沿着一条跑道慢跑一样，在一成不变的日常琐事中打转，过着枯燥乏味的生活，勉强地维持生计。她们没有明确的目标，只是稀里糊涂地幻想财富有一天会从天而降，但财富从来不开这种玩笑。你从早到晚忙碌地挣钱买面包，以使你有力气第二天接着忙碌，接着挣买面包的钱。每天除了寻找食物、除了为生计奔波，就再没有时间做其他的事情。

一个女人想要过一个理想完满的人生，就必须先拟定一个清晰、明确的人生指南针。

梦想不是用来留在茫然的想象中的，而要设定一个个具体的目标去实现的。不仅要成天想着漂亮的大房子、有能力的丈夫、漂亮的孩子等美好的东西，还要为了这些东西而行动起来。比如说，想要购置漂亮的大房子就要从现在开始理财；想要拥有有能力的丈夫，就应该和丈夫一起做好自我开发；想要有聪明漂亮的孩子，就应该和丈夫一

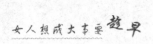

起讨论如何有效率地做好教育孩子的工作。如果你有一个10年后想要达成的具体目标和计划，就可以说你的人生已经成功了一半。

也许有人会这么说："我就想一直这样做着现在做的事，这么生活下去，情况也不坏啊。"但是，如果现在不为将来打算一下的话，10年以后你就有可能不能维持现状，你的生活状况会倒退。现在所有情况和条件都差不多的同学或朋友，10年以后有些人可能会比你成功很多，到那时你就后悔莫及了。

现在就要开始为10年后做准备。怎么准备呢？比如说，你现在的工作是一个电话销售员，那么你就应该计划3年后成为管理人员，6年后成为电话中心的专家，10年后就可以考虑自己去经营一个电话中心了。你也可以以电话销售为基础，成为一个专门的营销学教育专家，或用积攒的钱开一个商店。计划怎么做都可以，关键是你一定要去做。

并不是每个人都想成为组织中的领导者，但你至少要成为自己人生的领导者吧。

有了目标，人生才变得充满意义，一切似乎清晰、明朗地摆在你的面前。什么是应当去做的，什么是不应当去做的，为什么而做，为谁而做，所有的要素都是那么明显而清晰。于是，我们就会为了实现这些目标而发挥更大的心力，一种克服劣势而发挥优势的状态便可灿然显现。在为实现由劣势而优势的过程中，人生的乐趣与韵味昭然若揭，于是生活便会添加更多的活力与朝气，此时我们自身隐匿的潜能也会迸发出来。

听从内心的召唤，选择自己的喜爱

很多刚毕业的女大学生，一心想找份好工作，但到底什么样的工作算好，心里没底，也想不清自己能干什么，喜欢干什么。于是，就在工作与工作之间跳来跳去。

其实，要想找份好工作，首先需要了解自己是什么样的人？想要什么样的生活？处在怎样一个阶段？然后才谈得上将会怎么去做。

理想的工作有四个特性：

——是你喜欢的；

——是你擅长的；

——能使你赖以谋得想要的生活质量；

——合法合情。

另一个角度的归纳显得复杂一些——优秀的人才有一些共性：

——敏锐的判断力；

——卓越的影响力；

——高效驱动业绩的能力。

我们必须仔细地思考一下这些问题：自己想做什么？想过怎样的生活？自己和别人、社会想保持怎样的一种优势关系？在哪一种状态之中自己会感到最满意？

常言道："男怕入错行，女怕嫁错郎。"而如今的社会，是所有的人都怕入错行。

加菲尔德的研究表明，颇有成就者所选择的都是自己真正喜爱的工作。他们花三分之二还要强一点的工作时间干自己喜欢的工作，只花不到三分之一的时间干那些自己不喜欢干的琐事。他们喜欢内在的满足，而不只是外在的补偿，如提薪、提级和权力等。当然，他们最后往往能得到这一切。因为他们欣赏自己的所为，工作越干越好，补偿自然也越高。

卓越网总裁王树彤说："做我喜欢做的事，把握自己的能力。"

王树彤学的是无线电通信专业，于北京电子工程学院毕业后，便在清华大学软件开发中心当老师。这一行业一直是她喜欢并擅长的。1991年底，她考入了外企，在一家电子设计自动化的公司工作，后来，她又同时考上了 IBM、AT&T 及微软。最后她选择了离家最近的微软。数年后王树彤仍心存感激地说："我有时相信命运的安排，因为在微软的 6 年对我影响太大了。这一行业成就了我。"

王树彤对自己在微软的经历是这样评价的："那 6 年包容太多，让我学会如何做一份工作，如何开始职业生涯，如何做一个很好的经理人以及如何去管理自己的职业发展，然后慢慢去了解自己需要什么，将来的路应该怎样走。"在这种思想的指导下，1999年4月，王树彤

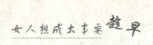

来到了另一家极不普通的外企——Cisco。

然而就是在 Cisco 公司冲向市值最高的时候，王树彤义无反顾地来到了金山和联想共同投资的卓越网。"为什么离开 Cisco，我对这个问题想得很清楚。我一开始在外企工作时就想过，我不可能一辈子待在这儿，有一天我一定要学以致用。看过也到过那么多优秀的外企，我一直在想什么时候我们能有这样的企业。这是我心底里一直蕴藏着的一个愿望，现在互联网给了我实现这个愿望的机会，我绝不能错过。"

王树彤清楚自己要做什么、能做什么、喜欢做什么，所以不管是在当初互联网的狂热当中还是今天互联网光环褪去的冷静时刻，她对互联网的感觉一直都很清晰：未来的大方向是一定的，接下来是怎么踏踏实实去做。

在生活、工作任何一方面王树彤都选择自己的喜爱，从来都是听由内心的召唤。她很会调理自己，"周末完全属于自己，不再想任何有关工作上的事情，而且，我每年休假都去旅游。"王树彤做人的原则特别简单，"因为我的脑子没那么快，也没那么聪明，对我来说，掌握最简单的原则就是最好的。生活对我来说就一件事情：做我喜欢做的事，把握自己的能力，不断往前走，同时与我喜欢的人在一起。"

因此，女人要知道，只有认识到自己心底所想，满足自己心底最真实的愿望，才会获得最终的成功。

比利时一家杂志，曾对全国 60 岁以上的老人做过一次问卷调查，调查的题目是："你最后悔的是什么？"结果，有 67% 的人后悔年轻时错误地选择了职业。

定位——你是谁？这是至关一生幸福的最关键问题。芸芸众生，如何让自己成为与众不同的一个人呢？企业成功源自一个成功的定位，个人的成功也同样如此，即想在事业和情感这两个人生舞台上要扮演一个什么样的角色，拥有一个什么样的形象，做出哪些业绩。

职业对我们的重要性，可以用下面这个比喻来形容——当我们不得不做不称心、不擅长的工作时，就像把一块方木塞到一个圆孔里一样别扭，在这种情况下，我们有两种选择：找到一个方孔，也就是转换环境，使其适合我们的需要；或者把自己削圆，来适合圆孔。

很多人选择了第二种选择，随着时间的流逝，在日常的工作中削圆了自己，适应了环境。也许他们因此能够胜任工作，但是却因此与原本属于自己的成功失之交臂了。

很多人经常会有这样的问题，"我到底适合做什么？"或者"为什么我总是不能满意现在的工作？"这些问题表现在行动当中便是漫无目的地撒网式投简历，或者不断地从一家公司换到另一家公司。有一个工作不久的小姑娘，在不到三年的时间里跳槽八次，却仍然感到无所适从。许多人都有相同的疑惑："为什么在很多时候，我们为了适应职场所付出的努力反而起到相反的作用？"

这些问题归根结底，都是因为缺少对自己进行正确合理的"定位"。定位的最终目的是要找到一个与自己相匹配的工作。

那么，什么样的工作适合你呢？

有些人往往想到这个公司是否出名，钱是否赚很多，自己能不能胜任，当然这些要考虑。在这些都可以的前提下，你一定要问自己三个问题，第一我能不能在这个公司每天学习成长。第二，我对这份工作是否有兴趣。第三，我能不能够经过这个公司发挥我的影响力。第一就是每个人都要成长，原地踏步的日子是没有人想过的，每天都能成长以后，就会有更多的机会让你能够尝试。如果做你爱的事情，会让你吃饭、睡觉、洗澡都想它，不成功都会很困难，而且让你每天过得很快乐。

当你看到了一份可能是完美的工作，能够学习成长，你有兴趣的，能够发挥你潜力的时候，不要等它来找你，你要去找它，因为这样的工作，别人都会想要的，你不去争取每个机会的话，这个机会就会落到别人头上去。

选择自己的喜爱，听从内心的召唤，全身心投入事业，是女人取得事业成功的捷径。

从三百六十行中选择你的最爱

了解女性适合的知识领域和女性行业是构建你自身知识结构的出发点。

一般来说，女人有一个共同的属性，就是善于用右脑来学习和思维，女人的直觉判断力，直观记忆力都特别强。但女性的逻辑思维、抽象概括能力却一般不及男性，因此在哲学或数学的领域不是女性的长项。

下面是根据广大成功女性的经历总结出的适合女性的行业和知识的领域。

（1）服务业

服务业是十分适合女性的一个行业。很多成功女商人都曾从事过这一行业的工作。

因为女人的直觉感十分强，她可以清醒地看到各个层次的人们的需要，因此，选择服务业是发挥女人优势的一大天地。

（2）教育业

女人天生就有一种温柔的伟大母性，这种母性使女人有着比男人更强的心理优势。女人的母性、温柔、心细、耐心等天生特征都是女性从事教育业的优势。

（3）传播业

在报纸、期刊和图书等出版行业里，女性的优势处处可见。她们拥有女性记者的采访优势，细心可以使她成为优秀编辑，她们的直觉判断使她们能够策划出读者喜爱的题目……女人在这个领域具有极大的发展潜力。

在影视传播中，你的新构想和新观念可以在这里充分施展，把它们变为形象和声音，传播到世界上的每个角落。你可以携带着摄影机云游四海，走遍天涯。如果你感兴趣的话，还可以当一名电视记者，与一些大人物、著名学者常来常往，不但可以获得丰富的知识，而且有希望成为万众瞩目的名人。电视这一行也是值得干的。如果你不愿意抛头露面的话，干广播这一行也不错。

（4）广告业

你会想到，如果你设计出杰出的作品，就能得到客户的赞赏，会从客户手中得到很多很多钞票，还会受到宴请和热烈招待。女性很容易掌握这方面的才能，是可以干的。

可是有两点你必须特别注意：一是你能设计，二是你能制作。这好比一个律师，你既能出庭为人辩护，同时还有自己的事务所。在广告这一行里，你要做代理人，同时还要有自己的广告公司，最好不要亲自动手设计，要开公司，请人设计，广告界是个广阔而又奇妙的天地，也是一个对女性开放的天地。

（5）会计业

在西方，有两大就业潮流：很多男孩学电脑，成为电脑工程师；很多女孩学财会，成为财务管理人。在中国，也有很多女性成为非常吃香的会计师。女人的天性适于和数字统计打交道，会计业也成为她们特别擅长的行业。

（6）股票业

女性也可以尝试一下这个行业，女人的天性擅于理财，知识女性更精于计算，很快你就可以把握住股市的脉搏，成为一个大户。你如果是个笔杆子，也可以为报纸的股票专栏写写文章。

（7）律师业

女性也很适合从事法律工作。律师需要的记忆力强、思维敏捷、善交际、善言辞等特点，很多女性都天生具备。所以，在律师行业里，女性只需要发挥自己的优势即可，在这个行业里，大有作为的女律师不乏其人。

（8）艺术界

在这一行业里虽然有许多大学毕业生，但也有些没念过大学的。艺术界包容量很大，有学位的和没念过大学的人同样有成功机会。当演员、当歌手、当技术员、当编剧、当导演等，女人都可大显身手。不过，干这一行生活大都不规律，有时甚至把白天当成夜晚。如果你对这行有兴趣的话，也不妨试试。

如果你对上列各种行业都不感兴趣的话，还可以从事零售业、室内装潢、公务员等。但无论何种行业，都需要掌握好专门的知识。只要你选定了自己的优势行业，并借助于 21 世纪的学习方法，凭你的美丽、智慧和能力，一定能拥有属于自己一片蔚蓝天空。

女人只要找到最合适的职业就成功了一半。

成功之门是不能降低标准的

在度过了许多平铺直叙的日子以后，一次偶然的远足，你突然发现，原来生活在盆地和平原的边缘——有山；在你生命的底蕴中，原本有山。

世界充满了起伏变化，它以不同的高差展现着各异的风景，又以大自然的平衡之手，着意营造了险峻处的美丽。这一哲理也结晶在一句唐诗里：

"欲穷千里目，更上一层楼。"

在一座千万年山龄、千百仞身高的大山面前，以苍天的眼望去，人便缩成了蚂蚁，仿佛动与不动都失去了意义；倘若以蚂蚁的眼望去，人又是顶天立地的。高度决定了层次，层次决定了视域，视域决定了心境，这心境则又是一层精神的仁山智水。

这种高度原来就坐落在你的内心，耸立在幼年的志向里，绵延在成年的走向中，许多先天低矮、其貌不扬的人，因这攀登而气韵高雅、卓然不群，举手投足间荟萃了海拔数百米乃至数千米的风度。

要想找到真正成功的感觉，就去攀登吧！

鲤鱼们都想跳过龙门。因为，只要跳过龙门，它们就会从普普通通的鱼变成超凡脱俗的龙了。

可是，龙门太高，它们一个个累得精疲力竭，摔打得鼻青脸肿，却没有一个能够跳过去。它们一起向龙王请求，让龙王把龙门降低一些。龙王不答应，鲤鱼们就跪在龙王面前不起来。它们跪了九九八十一天，龙王终于被感动了，答应了它们的要求。鲤鱼们一个个轻轻松松地跳过了龙门，兴高采烈地变成了龙。

不久，变成了龙的鲤鱼们发现，大家都成了龙，跟大家都不是龙的时候好像并没有什么两样。于是，它们又一起找到龙王，说出自己心中的疑惑。

龙王笑道："真正的龙门是不能降低的。你们要想找到真正龙的感觉，还是去跳那座没有降低高度的龙门吧！"

降低标准，只能是自己骗自己。像龙门一样，真正的成功之门是不能降低的。要想找到真正成功的感觉，还是去跳那个没有降低高度的门吧！

中国有两句成语，一为"鼠目寸光"，一为"远见卓识"，恐怕就是对这一差别的反映吧？有的人似乎天生的短视，她们一叶障目，不知泰山之大，犹如叽叽喳喳、高高兴兴地在房顶上营造安乐窝的燕子，不知整个屋子即将倒塌。人无远虑，必有近忧，那些短视的人，常常在生活中不断地跌跟头。

与此相反，另一类人则能由小见大，由近知远，知人所未知，见人所未见。她们能够不被眼前暂时的、局部的现象所迷惑，因此，能洞察事物发展的动向，预测未来的趋势，调整自己的行为，采取防范措施，因而，总是立于不败之地。

永远年青，永远飞翔

如果你真的想飞，为什么还不开始行动？

想飞，可能是人类心里的原始欲望之一，但很多人在面临人生选择时，总是害怕失败，害怕选择，宁愿在原地里打转，而不愿展翅高飞，当然，在练习飞翔的时候难免有挫折和失败，但是，一定比在原地踏步好。

想飞，就飞吧！不要让梦想只是梦想而已，只要你愿意，梦想终有实现的一天。

在日本，被誉为文学旗手的村上春树，为了培养耐力和信心，居然练习跑42公里的马拉松，从起初只能跑3公里，到一年之后跑完全程。然后，他成功地创作了《世界末日与冷酷异境》。

法国作家安东尼·圣艾修伯里从小就爱写作、爱飞行。在飞行时

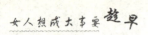

思想、在降落后写作。他的名著《小王子》居然是在迫降利比亚沙漠之后，得到灵感写成的。

灵感这种东西很妙，你坐在那儿苦想，往往等不到。反而出去走走、找朋友聊聊，甚至游个泳、打场球之后，自然就飞来了。也可以说，灵感与运动有着很大的关系。

因为体力和心灵有一条无形的线相通。只要我们动起来！不要坐在这儿发愁。只要我们动起来！问题就能解决了。

当小燕得知一家企业内刊招聘记者，当即赶了过去。

到现场一看，仅有的一个岗位，竞争者竟达120多人！而且其间又不乏学历、资历、年龄、口才诸方面胜过自己者。见此阵势，小燕本欲打退堂鼓，可又一想既然来了，长长见识也是好的，便耐着性子坐下来。

面试的人太多，主考官是该公司的老总，小燕又被安排在后面，看着应聘者一个接一个脸色沉重地走出考场，她已预感到形势对自己越来越不利，必须采取独特的面试方式打动老总才能出奇制胜。

这时候，在会客室里坐等的几位应聘者开始闲聊。其中有这么几句牢骚话引起了小燕的注意："来的都是有经验的人，小不点的内刊还拿不下来？一个面试还搞这么复杂！""肯定要当面出题让应聘者动笔，不怕它，都带了作品集了，还说明不了问题？"

小燕心里一动，当即赶往楼下的打字店，以"求贤若渴"为题写下一篇现场短新闻。回到会客室时，正好轮到她出场了。

面试的内容有些出乎小燕的意料，神色已略显疲惫的老总既没提业务，也不问应聘者的经历，而是要小燕从自己的角度谈谈如何当好内刊记者。小燕当即递上刚打印完的那篇短新闻稿说自己的角度就是"敏锐"。

小燕成了应聘人员中百里挑一的幸运儿。老总说："其实正确的方法大家都注意到了，但心动不如行动，只有你当时把大家都注意到的东西先做在了前面。"

人有两种能力，思维能力和行动能力，没有达到自己的目标，往往不是因为思维能力，而是因为行动能力。

所有的结果都是由行动造成的，采取什么样的行动，将会导致什么样的结果。你要想获取什么样的成果，你必须采取什么样的行动。

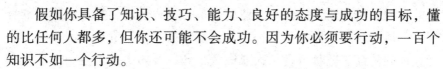

　　假如你具备了知识、技巧、能力、良好的态度与成功的目标，懂的比任何人都多，但你还可能不会成功。因为你必须要行动，一百个知识不如一个行动。

　　假如你终于行动了，但还不一定会成功，那是因为你太慢了。

　　在21世纪，行动慢，等于没有行动。

　　你只有快速行动，立刻去做，比你的竞争对手更早一步行动，你才有成功的机会。

　　我们再看看"时装女王"夏奈尔的成功经历，她的一生就是行动的一生。

　　夏奈尔的童年十分不幸。她出生于法国一个贫困家庭，夏奈尔12岁时，母亲因病去世，追求享乐的父亲把她丢给一家修女主办的孤儿院后就离家出走了。在孤儿院长大的夏奈尔，享受不到家庭的温暖和亲人的关怀，悲惨的经历，造就了她坚强的性格和超常的创造力，加上她的智慧，让她创造了服装史上的奇迹，成为"世界上50位最伟大的服装设计师之一"。

　　青年时期的夏奈尔，为了摆脱人生的境遇和贫穷的生活，她勇于直面现实，坚强地面对生活的挑战，从事着她热爱的服装事业，每晚睡觉前，她总是把心爱的剪刀放在床头柜上。

　　1910年，夏奈尔遇到了她生命中最重要的男人鲍伊，他关心夏奈尔的想法并培养了她的个性。在他的资助下，夏奈尔开设了"女帽"店，她不平凡的一生就是从这时开始的。由于她设计的女帽简洁、大方、雅致，受到了女性的青睐，她的生意很快就火了起来。一年后，夏奈尔设计的女帽上了《时装杂志》。夏奈尔的名声在巴黎兴起，她走入了巴黎的上流社会。

　　就在夏奈尔的人生刚刚有了起色时，不幸再一次降临在她身上。她的恩人鲍伊突然死于车祸，当夏奈尔来到车祸现场，面对着烧得焦黑的汽车时，所有的悲痛在那一刻爆发了。对着鲍伊的汽车，她放声大哭起来，这是好多天来不眠不休的一次发泄。

　　对于一个年轻女人来说，没有了爱人，没有了精神支柱，这该是人生多么大的不幸啊！幸好夏奈尔还有理想做后盾，她忍着巨大的伤悲，勇敢地站起来。她发誓，要凭借自己的智慧，来创造人生的辉煌。

　　1913年，振作起来的夏奈尔在法国上流社会的度假胜地杜维尔，开设了一家时装店，并推出了造型简单，款式合体，舒适又飘逸的针织羊毛运动衫。此款运动衫一出，立刻在服装界引起轰动。不久，眼光长远的夏奈尔把时装店扩大成服装公司，开始大批地生产她设计的服装。几年后，夏奈尔终于登上了时装界的制高点，由她设计的时装深深地迷住了那个时代的人们。

夏奈尔作为历史上一位最伟大与最具影响力的高级时装设计师，总是走在时装界的前列。在过去的 100 年中，无论是在时装设计上，还是对人生的态度上，她都是女性追求的先导和典范，适时地把握住了时代的脉搏。夏奈尔以女性的智慧，改变了自己的命运。正如她自己所说："诚如拿破仑所言，他的字典里没有'困难'两字，我的字典里也找不到'不成功'三个字。"

成功就如同"骑着一辆自行车，不是维持前进，就是翻覆在地"，所以任何事都不要拖延，行动第一，因为只有行动才有靠近成功的机会。

做任何事情，尽最大努力

女人不是力量型的，它需要其他的东西去弥补。女人是柔弱的，她只有更加执着，更加富有韧性，才更加不容易被打垮。我想这是女人生存和立足的很重要的东西。

执着是一种心态，是一个人事业成功的前提；执着是一种精神，是一个人热爱生命的体现。一个执着的女人，无论她做什么，都是以一种认真负责的态度来面对的。执着的女人，身上有一种坚忍不拔的力量。

在这个世界上，正因为有这些执着的女性，才变得多情可爱起来。从古至今，每一部经典电影电视中，每一本流芳百世的名著中，都洒满了女性对爱恋的执着。20 世纪轰动全球的经典爱情片《泰坦尼克号》，写的就是一位美丽少女与穷画家的爱情。影片的最后，当老态龙钟的罗丝把那串价值连城的珠宝沉入海底，让它陪着已经死去的情人杰克时，许多观众都为这个老妇人执着的爱而感动得热泪盈眶。因为，伴随着这段爱情长眠海底的还有一颗对爱情永远不老的爱心。经典名著《罗密欧与朱丽叶》、《梁祝》等，同样是描写为情执着到最后而殉情的少女。

同样，那些执着于事业的女人更显得可爱而有魅力。在她们身上，少了很多悲剧色彩，多了一份顽强，使得站在事业顶峰处的女性，不再是眼泪汪汪、温驯无助、没有缚鸡之力的柔弱女性，不再是脆弱的象征，而是一种与男人有着同等力量的强者，这份力量，来自女性性格中的执着，这份执着，为女性增添了独有的魅力。

放眼我们周围的生活，执着于事业的女性比比皆是，在商界、政界、文艺界、泳坛上等等领域，更是涌现了不计其数的成功女人，她们用自己执着的精神，成为人们学习的楷模和榜样。

执着是女性追求理想路途上的动力，这动力使得柔弱的女性变得力大无比，让她们和男人一起站在了事业的高处。世界顶尖游泳高手德布鲁因，就是一位执着于事业的女性。这位多次突破蝶泳世界纪录的荷兰女子，被人们称作"蝴蝶夫人"。2000 年 9 月，德布鲁因在澳大利亚悉尼举行的奥运会游泳比赛中，夺得 3 块金牌并都打破了世界纪录。在登上领奖台时，她激动得哭出了声，她说："我觉得自己就像一条鱼一样在水里飞，这是我多年努力的结果，我终于登上了奥运会最高领奖台。"

这一年，德布鲁因 28 岁，在年轻体育健儿活跃的泳坛上，她的年龄算是超"高龄"了。然而，是什么力量让这位女郎一举成为"天下无敌"的顶尖游泳高手呢？究其根源，我们不难发现，这与她热爱自己的职业，执着于职业的精神密不可分。

1988 年以前，德布鲁因不仅在世界泳坛上，即使在荷兰泳坛，她也是一个没有多少人知道的女游泳选手。1992 年，她在巴塞罗那奥运会上，仅获得 50 米自由泳第 8 名，100 米蝶泳第 9 名。就是在这次比赛过后，这位成绩平平的女选手神秘地失踪了 6 年，起初，人们以为她退出了泳坛。

后来才知道，在这 6 年当中，德布鲁因一直在默默地进行着刻苦的大强度的体能训练，包括跆道拳等项目的训练。此外，为了进行专

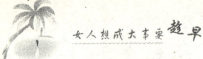

门项目训练，她不远万里，到美国拜一位名教练为师，正是这位名教练，在指导她练习的过程中，进一步发掘了她的才能，在教她训练时，对她进行因材施教，使她进步很快。为了做一名体能和心理都很健康的女选手，在将近2000多个日子里，德布鲁因过着一种平常得不能再平常的有规律日子，每天按时训练，饭后散步，早上锻炼身体，正是这样的身心训练，才让她收获了骄人的成绩。

在这个追逐名利和金钱的社会，人心是如此浮躁，别说在泳坛，就是在日常生活中，能这样安静下来，踏踏实实地做事的人也是少之又少。德布鲁因却能做到安心训练，最大的动力在于她对事业的执着精神。每当她在水中游泳时，心中有个声音对她说：我一定要做游得最好的泳者，因为我太爱这种像鱼一样在水里飞的感觉了。在这种强烈的执着精神下，她不惜把自己青春中大部分时光，抛洒在池水中。

花开花落使女人疲惫，风花雪月让女人不堪憔悴，世事的纷乱，滚滚的红尘，磨砺着女人细腻柔软的心。这时的女人，因为心中藏有一份执着，体内就有一种力量。

这就是成功的执着女人，她们之所以能在芸芸众生中出类拔萃，就是缘于对职业的热情。在她们眼里，职业不是谋生的手段，而是生命中必不可少的一部分。对她们来说，只要能从事心爱的职业，什么都可以不在乎，包括世人对自己的嘲弄讽刺；对她们来说，只要能永远有那种飞一样的感觉，什么都可以舍弃，包括自己的青春时光。正是这样的执着，才让她们体内始终有一种力量做支撑，不怕世人的白眼和嘲笑，不怕苦苦追求后的艰辛，只要有一点属于自己支配的时间，她们都要和自己的事业联系在一起。

把精力集中在一点上

要成功，不能把精力同时集中于几件事上，只能关注其中之一。也就是说，我们不能因为从事分外工作而分散了我们的精力。

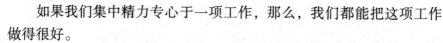

如果我们集中精力专心于一项工作，那么，我们都能把这项工作做得很好。

对于任何东西，你都可以渴望得到，而且只要你的需求合乎理性，并且十分热烈，那么"专心"这种力量将会帮助你得到它。

你不妨做一个试验，在夏天最炎热的某一天，从商店里买一个最大的放大镜和一些报纸，把放大镜拿出放在报纸上，中间隔一小段距离。很快你就会发现，如果放大镜是移动的话，你永远也无法点燃报纸。但是，放大镜不动，你把焦点对准报纸，很快你就能利用太阳的威力，把报纸点燃。

无论你具备多少能力、才华或本事，如果你无法支配它，将它聚集在特定的目标上，并且一直保持在那里，那么你是无法取得成功的。你也许知道，一个猎人，当其面对树上的一群鸟时，如果说他能打下几只鸟的话，那么他肯定不是向整个鸟群射击，几只鸟的收获一定是猎人瞄准特定目标的结果。从这位猎人的身上，难道你还不能看出特定具体目标的意义？

历史上凡是事业真正有成效的人，工作和学习时总是注意力高度集中，达到如痴如迷的程度。著名的物理学家和化学家居里夫人有着非凡的注意力。她小时候读书很专心，完全不知道周围发生的一切，即使别的孩子为了跟她开玩笑，故意发出各种使人不堪忍受的喧哗，都不能把她的注意力从书本上移开。有一次，她的几个姊妹恶作剧，用六把椅子在她身后造了一座不稳定的三角架。她由于在认真看书，一点也没有发现头顶上的危险。突然，"木塔"轰然倒塌，引起周围孩子们的哄笑。至于科学家牛顿把怀表当鸡蛋煮；黑格尔一次思考问题，在同一地方站了一天一夜；爱因斯坦看书入了迷，把一张价值一千五百美元的支票当书笺丢掉了等轶事，都是这些伟大人物注意力高度集中的表现。

怎样使注意力高度集中呢？一个必要的条件就是：使刺激引起的兴奋强烈起来。爱迪生在实验室可以两天两夜不睡觉，可是一听音乐便会呼呼大睡。可见，注意力与兴趣有着直接的关系。兴趣大的事情，对人的刺激就大，兴奋程度就高，注意力就容易集中。

排除外界干扰，也是提高注意力的一个重要方面。这里有两种办法可供选择。一种是闹中取静，像李政道那样。李政道小时候常到闹

市去读书，形成习惯之后，无论再吵的环境，他也能定心读书。另一种是闭门谢客，像诗人普希金那样，把自己关进书房，闭门苦读。小说家契诃夫则既能在喧哗的环境里写作，更能在宁静的书屋挥笔。英国科学家培根指出，演算数学题可以使人专心，因为做数学题稍一分心，就会做错或者根本做不出。如果你对数学没有兴趣，那就抄书吧！几张纸抄下来，注意力也就慢慢集中了。居里夫人则说："当我像嗡嗡作响的陀螺一样高速旋转时，就自然排除了外界各种因素的干扰。"在这里，高尚的志趣，顽强的意志，可以对注意力的集中起着巨大的作用。

所以，你最好能把你需要做的事想象成是一大排抽屉中的一个小抽屉。你的工作只是一次拉开一个抽屉，令人满意地完成抽屉内的工作，然后将抽屉推回去。不要总想着所有的抽屉，而要将精力集中于你已经打开的那个抽屉。一旦你把一个抽屉推回去了，就不要再去想它。一个人的精力是有限的，把精力分散在好几件事情上，不仅不是明智的选择，而且也是不切实际的。

做事有明确的目标，不仅会帮助你培养出能够迅速做出决定的习惯，还会帮助你把全部的注意力集中在一项工作上，直到你完成了这项工作为止。

坚持一下，再坚持一下

下面是"哈佛女孩"刘亦婷10岁时的一篇日记——

嘿！告诉你吧，昨天晚上，我和我爸爸打了一个赌，结果呀，嘿，我赢了一本书呢！

事情是这样的：晚上，爸爸从冰箱里取出一块冰，这块冰比一个一号电池还大呢。爸爸说："婷婷，你能捏这块冰超过15分钟吗？你办到了，我就给你买一本书。"我说："怎么不行，我们来打个赌吧！如果我捏到了15分钟，那你就得给我买书哦。"爸爸满口答应了。

爸爸拿着秒表，喊了一声："预备，开始!"我就把冰往手里一放，开始捏冰了。第一分钟，感觉还可以。第二分钟，就觉得刺骨的疼痛，我急忙拿起一个药瓶看上面的说明，转移注意力。到了第三分钟，骨头疼得钻心，像有千万根冰针在上面跳舞似的，我就用大声读说明的方法来克服。到了第四分钟，我感觉骨头都要被冰冻僵、冻裂了，这时我使劲咬住嘴唇，让痛感转移到嘴上去，心里想着：忍住，忍住。第五分钟，我的手变青了，也不那么痛了。到第六分钟，手只有一点儿痛了，而且稍微有点儿麻。第七分钟，手不痛了，只觉得冰冰的，有些麻木。第八分钟，我的手就完全麻木了……当爸爸跟我说："15分钟了!"我高兴得跳着欢呼起来："万岁，万岁，我赢了，我赢了!"可我的手却变成了紫红色，摸什么都觉得很烫。爸爸急忙打开自来水管给我冲手。

我一边冲，一边对爸爸说："爸爸你真倒霉啊!"爸爸却说："我一点儿也不倒霉，你有这么强的意志力，我们只有高兴的份儿。"

坚持一下，再坚持一下。这，就是我赢书的秘诀。你看，多不容易呀!

龟兔赛跑的故事妇孺皆知，在这个社会里充斥着无数个不同版本的龟兔赛跑的故事，人生潮起潮落，不管你是乌龟或是兔子，都要记住，还没跑到终点时，千万别停下来。

人生就好像是一场人人皆参赛的"龟兔赛跑"，不管中间谁跑得快或慢，成功或失败，没有到达终点就谁也不知道谜底，许多人说过这样的话："为了成功，我曾试了不下上千次，可就是不见成效。"你相信这句话是真的吗？别说他们没试过上百次，甚至于有没有十次都颇令人怀疑。或许有些人曾试过八次、九次，乃至于十次，但因为不见成效，结果就放弃了再试的念头。

有一个女孩对足球十分痴迷，一个偶然机会，她被父亲送到了体校学踢足球。

在体校，女孩并不是一个很出色的球员，因为此前她并没有受过规范的训练，踢球的动作、感觉都比不上先入校的队友。女孩上场训练踢球时常常受到队友们的奚落，说她是"野路子"球员，女孩为此情绪一度很低落。每个队员踢足球的目标就是进职业队踢上主力。这时，职业队也经常去体校挑选后备力量，每次选人，女孩都卖力地踢

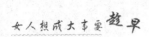

球，然而终场哨响，女孩总是没有被选中，而她的队友已经有不少陆续进了职业队，没选中的也有人悄悄离队。于是，这个平时训练最刻苦认真的女孩便去找一直对她赞赏有加的教练，教练总是很委婉地说："名额不够，下一次就是你。"天真的女孩似乎看到了希望，树立了信心，又努力地接着练了下去。

一年之后，女孩仍没有被选上，她实在没有信心再练下去，她认为自己虽然场上意识不错，但个头太矮，又是半路出家，再加上每次选人时，她都迫切希望被选中，因此上场后就显得紧张，导致平时训练水平发挥不出来。她为自己在足球道路上黯淡的前程感到迷茫，就有了离开体校放弃踢球生涯的打算。

这天，她没有参加训练，而是告诉教练说："看来我不适合踢足球了，我想读书，想考大学。"教练见女孩去意已决，默默地看着她，什么也没说。然而，第二天女孩却收到了职业队的录取通知书。她激动不已地立马前去报了到。其实，她骨子里还是喜欢着足球。女孩这次很高兴地跑去找教练了，她发现教练的眼中同她一样闪烁着喜悦的光芒。教练这次开口说话了："孩子，以前我总说下一次就是你，其实那句话不是真的，我是不想打击你而告诉你说你的球艺还不精，我是希望你一直努力下去啊！"女孩一下子什么都明白了。

在职业队受到良好系统实战训练后，女孩充满信心，她很快便脱颖而出。她就是获得20世纪世界最佳女子足球运动员的我国球星孙雯。

后来，孙雯讲述这段往事时，感慨地说："一个人在人生低谷中徘徊，感觉自己支持不下去的时候，其实就是黎明的前夜，只要你坚持一下，再坚持一下，前面肯定是一道亮丽的彩虹。"

坚持一下，再坚持一下，成功就是这么简单！

有的人比你富有一千倍，

他们也会比你聪明一千倍么？

女人想成大事要趁早

女性成才心理障碍

在韩国流行一句话："早晨起床后要去 21 世纪的职场上班，晚上回家要与 20 世纪的老公对话，周末要见 19 世纪的公婆。"这句话看上去像是在笑话当代的韩国女性，但却真实地反映出韩国女性现状的一句话，这恐怕也是我国女性面对的一道难题。

从事业的角度来说，女人与男人相比，在先天上有着太多的差异点，这就是为什么这个世界上大多数的企业都是男人当家。所以女性的企业经营者要经营好企业，是特别不容易，也是十分难能可贵的。

首先，从时间上来说，女人可以花在事业上的时间要比男人少很多，因为对于女人来说，要分心的事情太多了，女人关心容颜，为此要做美容的功课；女人热爱艺术，艺术品会吸引她的眼球，感性的故事会令她动容，美丽的事物也让她流连不已；女人比男人更爱家和顾家，也更关心家人的感受，更疼爱自己的孩子，所以女人每天会花更多的时间在家居生活中；女人还喜欢逛商店，看时尚的杂志等。

其次，从女人的心理来说，大多数的女性是敏感和脆弱的。而且有事业心的女人必然是更有个性的，她们是感性的，同时也是勇敢的，在事业开展的过程中，由于她们对于压力和挫折的承受力远远低于男人，为此她们更容易受伤，而女人在受伤的时候，通常也比男人更难以恢复。因此，一个女性的企业家有一些抑郁、有一些情绪化是自然的，但是，大多数的女性企业者随着年龄的增加、心智的成熟以及企业的稳定也会逐步地变得坚强和乐观。

再次，女性企业经营者的感情也比一般女性更容易出现危机，这主要在于以下的几种可能性：第一种是由于事业的需要，女性企业家在家庭生活中的时间和对家庭生活的关心程度也比一般女性要少，这是许多丈夫所难以理解和接受的；第二种是由于在家庭中作为男性和女性的经济地位和能力认知被颠倒了，导致双方都有可能产生一定的心理上失衡；第三种是由于女性企业家要承受更多的心理压力，因此特别需要获得家庭的体贴和关爱，使她的精神有所释放和缓解，但是由于男人大多数是粗心的，所以导致女性的心理矛盾得不到化解而引发感情危机等。

事实上，女性成才者远远低于男性。其原因除了一部分的客观因素，很大程度是因为女性的才能因为某些障碍而被压抑着。这些心理障碍可分为社会心理障碍和自身心理障碍。

（1）女性成才的社会心理障碍

——男尊女卑的传统偏见。如社会期望女性从事的是文教、卫生及服务行业，而从政、管理、技术则是男性的事。所以社会期望男性在一切可获成功的领域取得更大的成就，并赞赏这种成就，而对女性就没有这种期望。

——家庭成员的错误态度。在大多数的家庭中各个成员对女性成才抱较低的期望值，他们要女性做好家务，做好儿媳妇、妻子、母亲的角色就可以了，而且女性还没有从繁琐的家务中摆脱出来，工作和家务双重劳动使得她们没有业余时间学习、进修，继续完善自己的时间。

——事与愿违的角色愿望。为体现男女平等，社会也让女性参与如政治、行政经济等社会生活的权力部门，看上去，好像男女平等，可实际上，女性往往只处于角色地位，而起不到角色本身的作用，相当于一个"花瓶"的作用。这样女性的能力并没有得到锻炼，女性形象更低下，然后社会更是一番"女性不适合做……"的言辞。

（2）女性成才的自身心理障碍

——成才认知偏差。漫长封建社会的"男尊女卑"的观念不仅滞留在社会生活中，同时也深深束缚了女性，造就了她们对自身成才的认知偏差。

——依附从属心理。由于外界压力和自身情感的脆弱，有些女性还存在一种自卑感，在这种自卑感下，女性学会了屈从、柔顺，自己把自己视为二等公民，把希望依附在丈夫、孩子身上，自身甘愿做默默的奉献。

——低成才期望值。成才的期望值低，会有力地影响人们对未来事业的选择和追求的努力程度。而不少女性放弃对理想的追求，结婚

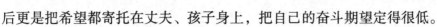

后更是把希望都寄托在丈夫、孩子身上，把自己的奋斗期望定得很低。

——缺乏成就动机。女性因为成才认知差，自卑感强，缺乏干一种事业的雄心大志，表现在五个弱点上：畏首畏尾、目光如豆、知难而退、安于现状、不堪一击。

毫无疑问，唯有克服这些心理障碍，女性才能真正成才，女性的潜力才可能发挥出来，这个社会的男女平等才会实现。

对于女性的企业家而言，由于我们有着柔软易伤的心灵，如何去修筑心灵的防御之盾对于我们而言，是一件太重要的事情了。男人在痛苦的时候，可以喝酒、可以抽烟、可以卡拉OK，可以大喊大叫，可以用各种方法去发泄；而女人痛苦的时候，拿什么释怀？当然哭是一服解药，但是并不能解决问题。而真正有效的良药只有一服，那就是我们要站得更高远一些，更清晰地认知我们生活和事业的重心和原则，修炼成熟的心，用更达观的心态来面对问题和解决问题。

积极的心态创造积极人生

有的人比你富有一千倍，他们也会比你聪明一千倍么？

美国成功学者拿破仑·希尔关于心态的意义说过这样一段话："人与人之间只有很小的差异，但是这种很小的差异却造成了巨大的差异！很小的差异就是所具备的心态是积极的还是消极的，巨大的差异就是成功和失败。"

是的，一个女人面对失败所持的心态如何，往往决定她一生的命运的好坏。

积极的心态创造人生，消极的心态消耗人生。积极的心态是成功的起点，是生命的阳光和雨露，让人的心灵成为一只翱翔的雄鹰。消极的心态是失败的源泉，是生命的慢性杀手，它使人受制于自我设置的某种阴影。选择了积极的心态，就等于选择了成功的希望；选择了消极的心态，就注定要走入失败的沼泽。如果你想成功，想把美梦变

成现实，就必须摒弃这种扼杀你的潜能、摧毁你希望的消极心态。

《华盛顿邮报》女掌门人凯瑟琳·格雷厄姆是美国传媒界极具影响力的人物，为《华盛顿邮报》的发展做出了杰出的贡献。在她担任董事长期间，整个集团在《财富》杂志500强中排名第271位，而她本人也成为美国第一位名列《财富》500强中的女企业家。凯瑟琳能称雄于传媒界，与她的积极心态不无关系。

凯瑟琳的一生，具有传奇色彩，她原是华尔街投资银行家的一位千金。1949年，她的丈夫菲利普与一位年轻记者发生了婚外恋后，向凯瑟琳提出离婚并带着情人离家出走，后来，他又逼迫凯瑟琳把邮报股权转让给他。面对家庭的变故，凯瑟琳一边忍受着丈夫背叛的心痛，一边坚决地不肯让出邮报股权。为此，她不知挨过丈夫多少次辱骂、殴打。1963年，结束婚外恋的丈夫在家中自杀。

这是凯瑟琳一生中最灰暗的日子：丈夫的死使她极度悲痛，在家人和朋友的帮助下，她为丈夫举行了葬礼，看着年幼的孩子，她心中产生了一个坚定的信念：一定要把《华盛顿邮报》留给下一代。

临危受命的凯瑟琳接任公司后，一切从头学起，她学管理、谈判、商业、财务及电脑等各种知识，并不断虚心地向人请教，由于她孜孜不倦的奋斗和好学精神，使她终于在报界站住了脚。《华盛顿邮报》越办越红火，到1993年，报业发展成为庞大的新闻集团，总收入达到14亿美元。她的辉煌，她对新闻事业划时代的贡献，受到了新闻界和社会各界的广泛赞誉，人们称她为"改造了20世纪历史的伟大女性"。

1997年，她的自传《个人的历史》出版后，在美国畅销达30多万册，第二年获普利策自传奖。兰登书屋评价此书说："这是一本有关在工作中学习、有关成长、有关华盛顿、有关一个女人如何在环境的造就下，经过自身的努力获得解放的书。"

基辛格评价她说："凯瑟琳的传奇是一种智慧、勇气和心态的象征，她是一个不可替代的人。"

在成功女性的记忆里，没有"不堪回首"的往事，只有美好的回忆；在智慧女性的词典里，没有悲观失望，只有积极向上。

你的世界是内心的物化

一个小村子叫尚书村，这个小村子因为这些年来几乎每年都有几个孩子能考上大学而闻名遐迩。方圆几十里以内的人们没有不知道尚书村的。

周围十几个村，只要是在尚书村里有亲戚的，都千方百计地把孩子送到这里。

在惊叹尚书村奇迹的同时，人们也都在问，都在思索：是尚书村的风水好吗？是尚书村的父母掌握了教孩子的秘诀吗？还是别的什么？

在20多年前，尚书村调来了一个50多岁的老教师，听人说这个教师是一位大学教授，不知什么原因被贬到了这个偏远的小村子。这个教师能掐会算，他能预测孩子的前程。原因是，有的孩子回家说，老师说了，我将来能成数学家；有的孩子说，老师说我将来能成作家；有的孩子说，老师说了，我将来能成音乐家等。

不久，家长们又发现，他们的孩子与以前不大一样了，他们变得懂事而好学，好像他们真的是数学家、作家、音乐家的材料了。老师说会成为数学家的孩子，对数学的学习更加刻苦，老师说会成为作家的孩子，语文成绩更加出类拔萃。

孩子们不再贪玩，不用像以前那样严加管教，孩子也都变得十分自觉。因为他们都被灌输了这样的信念：他们将来都是杰出的人，而好玩、不刻苦的孩子都是成不了杰出人才的。就这样过去了几年，奇迹发生了。这些孩子到了参加高考的时候，大部分都以优异的成绩考上了大学。

这个老师在尚书村人的眼力变得神乎其神，他们让他看自己的宅基地，测自己的命运。可老师说，他只会给学生预测，不会测其他的。

这个老师年龄大了，回到了城市，但他把预测的方法教给了接任的老师，接任的老师继续给一级一级的孩子预测着，而且他们坚定教

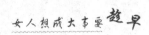

师的嘱托：不把这个秘密告诉村里的人们。据几个从尚书村走出来的孩子说，他们从考上大学的那一刻起，对于这个秘密就恍然大悟了，但他们这些人都自觉地坚守起了这个秘密。

是啊，这个秘密让重量级奥运冠军佟文时隔八年力挽大级别荣誉，最后15秒上演惊天逆转；这个秘密让韩国渔村女孩赵守镇用激情燃爆世界，用活力舞动青春，一跃成为中国身价最高的拉拉队培训导师；这个秘密让美女总裁王秋杨拥有超过数亿的资产、登上地球三极，在探险中体验生命的激情，享受没有极限的人生；这个秘密让她们在黑暗冰冷动弹不得的重大灾难面前，可以把死神甩在身后成就阳光……

他们共同拥有的这个重大秘密就是：他们心中都有一股无比强大的力量，这股力量就是他们渴望成就事业的力量，是他们迫切想要实现梦想的力量，是他们想要得到成功的无敌力量……也许这样的力量曾经都存在我们每一个人心中，也许大家认为这并不是什么大不了的秘密，可是为什么他们可以收获，而我们并不那么尽如人意？差别仅在于这股力量是否足够强大，这个愿望是否足够迫切，这个梦想是否足够强烈。问及成功者的奥妙，他们惊人一致地说：我想要，非常想要，几乎可以不管不顾周围的一切，甚至可以不介意生死，就是想要实现愿望。

如果说，你现在的愿望还没有实现，那一定是你想要实现愿望的欲望不是足够强烈，你想要实现梦想的信念不足，问问自己，不是这样的吗？

1965年，一个11岁的美国黑人女孩随父亲来到首都华盛顿。在白宫参观时，父亲鼓励她长大后要当美国总统。她回答说："早晚我会在那座房子里工作的。"

这个女孩名叫康多莉扎·赖斯。2005年1月26日，美国参议院以85票赞成、13票反对的表决结果，正式通过布什总统对康多莉扎·赖斯接替科林·鲍威尔担任国务卿的提名。当年有雄心、肯奋斗的女孩，如今成了美国历史上第一位黑人女国务卿。

赖斯的成功完全得益于个人奋斗，来自她的信念，对赖斯来说，这份信念在她很小的时候就已埋下伏笔。赖斯从小就特别勤奋和努力，在很多方面都表现优秀，在担任总统国家安全事务助理期间，她工作十分卖力和敬业。尽管赖斯强硬的政策和个性受到不少批评，但她个人的影响力非同一般。2004 年 8 月，美国《福布斯》杂志评出世界 100 位最有影响力的女性，赖斯名列榜首。

对科学信念的执着追求，促使居里夫人以百折不挠的毅力，从堆积如山的矿物中提炼出珍贵的物质——镭。就此，她曾经如是说："生活对于任何一个男女都非易事，我们必须有坚忍不拔的精神，最要紧的，还是我们自己要有信念。我们必须相信，我们对每一件事情都具有天赋的才能，并且无论付出任何代价，都要把这件事完成。当事情结束时，你要能够问心无愧地说：'我已经尽我所能了。'"

北京有一位获得成功的年轻人，叫谭路璐，她手里有一把开启成功之门的金钥匙。这钥匙就是被她后来称之为秘诀的东西——信念。谭路璐说，这看上去信念是很空的东西，其实不空，很多人面临危机和困境的时候缺乏的就是坚定的信念。

她在进入中央戏剧学院进修时，与学院里的一群对戏剧狂热的同学共同搞校园戏剧。由于从小对话剧艺术的热爱，由于受周围人狂热于话剧的精神所感染，谭路璐萌生了要把校园戏剧引向社会的念头。

1993 年，谭路璐与学院里的一帮人商定要搞一出法国戏《阳台》，并在社会上公演。

要公演就得有钱，谭路璐四处求人帮助。她也许并未在意自己正干一件在中国前所未有的事——话剧界的独立制作人。其最鲜明的特点就是要独立承担风险，而且独立制作人的权力要高于导演和与此剧有关的所有人，谭路璐只想用自己的精神力量筹到一笔钱，让剧组得到一次展现自己的机会。结果她错了，因为人们的愿望不仅是展示自己，他们还要得到更多的东西。

《阳台》一剧很不成功。计划公演 10 场，到最后一场只卖掉两张票。谭路璐筹来的 10 万元钱打了水漂。《阳台》在经济上的失败对谭路璐的刺激非常大，她反省了自己的问题，原因在于把很复杂的一件事想得很简单。但是她并不服输，她不承认自己没有能力，她更没有放弃她的信念之匙。

有朋友说她好高骛远。是的，她不是不知道完成这样一件事的艰难：完全靠自己找剧本、找钱、找剧院、参与排练……事必躬亲。只是她身上还有一种在别人眼里是缺点的习惯：做事从不考虑中间环节，越多少山，趟多少河，她很少预算。她喜欢直奔目标，目标的诱惑力

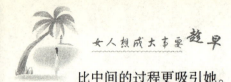
比中间的过程更吸引她。

从 1994 年上半年开始，她就开始找剧本，接着又是筹钱。她仅凭空口求说，说了 3 个月，最后找到一家，答应借她 10 万元。可是空口无凭啊，谁能保准她的戏不再栽了呢？谭路璐没什么可以做抵押的，她说："如果法律上有这么一条，我把命押上。"终有心善的人为她做了担保。

她用这 10 万元投拍了她选定了的一部颇具商业与现代意味的话剧《离婚了，就别再来找我》，并获得了巨大的成功。

上帝在所有生灵的耳边低语："努力向前。"如果你发现自己在拒绝这种来自内心的召唤，这种催你奋进的声音，那你可要引起注意了。如果你真的是这样，那么，这种声音就会越来越微弱，直至消失。到了那时，你的进取心也就衰竭了。当这个来自内心、促你上进的声音回响在你耳边时，一定要注意聆听它，它是你最好的朋友，将指引你走向光明和快乐，将指引你到达成功的彼岸。

高高举起信念之旗的人，对一切艰难困苦都无所畏惧。相反，信念之旗倒下了，人的精神也就垮了，在漫长的人生旅途中抬不起头，挺不起胸，迈不开步，整天浑浑噩噩，迷迷蒙蒙的，看不到光明，因而也感受不到人生的美好。

自信是女人最好的装饰品

早晨，梳洗完毕，对着镜子里那个活力充沛的她，微微一笑，然后高声说："我很好，我很好，我越来越好！"一位心理专家说，这是开发自我潜能的手段之一！

假若每天清晨醒来时，能够把以上的话重复三遍，那么你一天的精神就会格外充沛。这些话，你不妨在洗脸的时候，对着镜子说三遍；等到进入办公室时，再在落地镜前用力地重复，并且加上一点身体动作。

你经常重复这样的话，一股无形的力量便会激发你心底的潜能，使它充满于你的全身，这是一种非常奇妙的作用。

自信的树立乃是基于两个基本因素：一是对自己在充分认识基础上产生的肯定；二是以积极的心态对待身边的事物。

自信心是个人对于自己能力和行为所表现出的信任情感。一个人有了自信心就有了克服困难的精神动力。有位名女人在回答"女人能干什么"时，回答道："我的回答是：能干，什么都能干；不干，什么都不能干；如果努力干，就从小的具体工作到管理国家大事都能干，如果不能干，就会变成社会的寄生虫。"这段话辩证而又深刻地说明了女性确立自信心的重要性。

我们知道这世上没有完美的人，但是自信可以使一个人更接近完美。因为自信可以让女人看到自己本身的价值，看到了自己的魅力，看到了生活中的美好一面。一个自信的女人更会懂得生活，懂得体现人生的价值。

俗话说："水因怀珠而媚，山因蕴玉而辉。"女人却因自信而美。无论在任何时候，自信的女人从容大度，舒卷自如，双目中投射出安详坚定的光芒，内心饱满丰盈，外表光彩照人。和自信的女人打交道，你会发现自信本身就是一种吸引力。

心理学中曾有这样一个著名的实验案例：

一个长相很丑的女孩，对自己非常缺乏信心，她从来不打扮，整天邋邋遢遢的，做事也不求上进。

心理学家为了改变她的状态，要求大家每天对丑女孩说"你真漂亮"、"你真能干"、"今天表现不错"等赞美的话，经过一段时间之后，大家惊奇地发现，女孩真的变漂亮了。

其实，她的长相并没有任何改变，但其心理状态发生了变化。她不再邋遢了，她变得爱打扮，做事积极，并开始喜欢表现自己了。

为什么会有这么大的变化呢？心理学家解释说，那是因为她对自己产生了自信心，因为对自己有了自信，所以大家都觉得她比以前漂亮多了，她还愉快地对大家说，她获得了新生。

所谓相由心生，这位女孩其实只是展现出每个人都蕴藏的自信美而已。这种美只有在我们相信自己，而周围的人也都肯定我们的时候才会被充分地展现出来。

著名小说家古龙先生曾说过"自信是女人最好的装饰品，一个没有信心，没有希望的女人，就算她长得不难看，也绝不会有那令人心动的吸引力。"这句话很生动地说明了自信对女人的重要性。

素有"冰上皇后"之称的华裔运动员关颖姗，正是用自己的自信，让她拥有了辉煌的滑冰生涯。

关颖姗祖籍是中国广东省，1980年出生于美国，她从小喜欢冰上运动，7岁时就获得过冠军。20岁时，她获得过36个冠军，成为美国历史上夺得比赛奖牌最多的选手。在国内外比赛中，她曾经31次获得花样滑冰满分。1998年在美国全国比赛中，获得15个满分，而全部比赛中总共18个满分。为此，她的成绩被载入美国花样滑冰史册。2001年，她再次获得冠军。纽约著名《人物》杂志评选的全球50名最美丽的人物中，她也上了榜。

然而，这位曾获得过36个冠军奖牌的女子，13岁时，在参加当年的少年组花样滑冰赛时，成绩只得了9分。一向充满自信的她觉得是比赛束缚了手脚，于是就想参加国家级水平的测试，然后参加更高水平的比赛，但因为年纪太小，教练不允许，认为她目前重要的是把基础打好。但小颖姗对自己充满信心，竟瞒着教练参加了成人滑冰比赛，并成为比赛场上最年轻的选手，在那次比赛中，她一举赢得四项比赛冠军。后来，有人请关颖姗谈自己成功的秘密时，她只说了6个字："努力、自信、开心。"

由此可见，一个人的自信对自己的事业是多么重要，如果关颖姗对自己没有信心，就不会在得9分的成绩时选择参加成人比赛，也就不会获得四项比赛冠军，更重要的是，她以后的滑冰生涯因为缺乏自信而会失去许多色彩。是自信，让她赢得了后来灿烂的事业。

关颖姗说："女人在做事的时候最重要的是自信，坚信自己有能力做好任何事情，把握机会。最能说明问题的是实力和成绩，而不是性别。不要总是感叹社会对女性不公平，不要总觉得女性不如男性；做任何事情之前，不要先想自己是个女的，不要总是娇娇弱弱的。"

相信自己的才华，是自信的开始。

很多的作家、明星、演员在未成名之前，都曾受到过冷落和轻视，但是有自信的人，却能够看淡这一切，继续走自己的路，没有人不是经过一番努力，才能获得成功；"天下没有白吃的午餐"，天下更没有

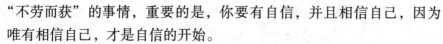

"不劳而获"的事情，重要的是，你要有自信，并且相信自己，因为唯有相信自己，才是自信的开始。

"不要怀疑自己的才华"，这是华裔女主播宗毓华的名言。她以一名华裔的中国女子跻身在人才济济的美国电视圈，不但当上 CBS 主播，并受到大众的肯定，凭的就是自信和才华。唯有相信自己的人，才能在挫折连连的时候努力走出自己的路，不因别人而放弃自己，没有任何人可以放弃你，除非你先放弃了自己。

成功的女人不会寂寞，即使独自一人奔波在千里之外的商场，她可能腰酸腿软，一脸倦容；即使早已夜深人静，喧嚣远去，孤灯下有些形单影只；因为成功的女人都有一个共同的爱侣——终身相依相携的自信。

请一定要有自信。你就是世界上一道最美丽的风景，没必要在别人风景里面仰视。

告诉自己：我永远是最棒的

自卑，即一个人对自己的能力做出偏低的评价，总觉得自己不如人，悲观失望，丧失信心。在社交中，具有自卑心理的人孤立、离群、抑制自信心和荣誉感。当受到周围人们的轻视、嘲笑或侮辱时，这种自卑心理会大大加强，甚至以畸形的形式，如嫉妒、暴怒、自欺欺人的方式表现出来。自卑是一种不健康的心理，是一种消极的心理状态，是实现理想或某种愿望的巨大心理障碍。自卑的人往往都是失败的俘虏，被轻视的对象，严重的自卑心理还能导致一个人颓废落伍、心灵扭曲。

中国台湾著名女歌手蔡琴有则关于一个瓶子的故事：

在蔡琴人生最低谷时期，她成天把自己关在房间里，自卑绝望到了极点。她认为自己什么优点也没有。而在一个朋友的引导下，蔡琴居然想到了自身的 23 个优点，这着实令蔡琴惊讶。朋友让蔡琴把这

23 个优点写在 23 个小纸条上，然后放在一个花瓶里，并对她说："你每天从瓶里拿一个纸条出来，最大限度地发挥纸条上写的那个优点，周而复始，直到你完全拥有自信为止。"。

就这样，蔡琴每天都从瓶里拿一个优点出来，每天都尽量地放大自己的优点。半年过后蔡琴终于走出了自卑心理，成长为一个全新的自信迷人的优雅蔡琴。

其实每个人都有不自信的方面。面对自己最喜欢的那个人，我们常常会不自觉地想：今天我的妆化得怎么样？我的萝卜腿让我不敢穿裙子……时常陷入情绪的低谷不能自拔。我们为什么不给自己一个收集优点、收集自信的瓶子，时时提醒自己放大优点，最大努力地发挥优点，激励自己成为一个拥有自信的人呢？要知道，我们表现出哪面，那个爱中的人就会看到我的哪一面啊。

有一个女孩，觉得自己万事不如人，觉得自己配不上幸福的爱情，为此感到很自卑。有很多优秀的男子向她求婚，她都置之不理。本来她有良好的品格，受人尊重，应该拥有美满的婚姻，但结果却把事情给弄得一塌糊涂，人们对她的看法也改变了。

生活中类似的事例比比皆是：商人认为自己注定要失败，不敢抓住机会去扩大经营规模；专业人员总认为自己的能力和思想比同事稍逊一筹；成绩优秀的学生为大学里的考试惴惴不安。这些人本来极为优秀，但在内心里却憎恶自己，她们内心焦虑不安，没有自己的主见，用别人的判断标准扼杀了自己的信心。

自卑是工作最大的敌人，所以你要做的第一件事是寻回自信。拿出当年你在大学里参加辩论赛时的玉树临风气派，参加卡拉 OK 比赛时的绰约风姿，还有参加百米跑比赛时的飒爽英姿，告诉自己：我永远是最棒的！

如果你还是一个还不够自信的女人，那就试着这样来做：

（1）想象自己是完美的化身

这是许多名模、影星在表演之前惯用的方法。它同样适用于工作职场，面对大客户或提案，先静坐，心中默想曾有的愉悦感觉，比如曾经聆听的悠扬乐章，越具体，效果越好。

（2）以拥有者的态度走入每间屋子

走路的姿态常不自觉地泄露你的秘密，昂首阔步，抬头挺胸，仿佛一切都在你的掌握中。想象你拥有这个空间，当你举步时，回想过去曾有的自信满满的感觉。

（3）把你的走路速度加快

一般情况下，松松散散的姿势、懒懒的眼神代表着她在工作、情绪上的不愉快。心理学家告诉我们，借着改变姿势和速度，可以改变心理状态。那些表现出超凡信心的人，走路的速度比一般人都会快一些。她们的步伐当中传达出一种信息：我很忙，我很自信，不久以后我就会成功。因此，试着让自己的步伐加快一点。

（4）练习当众发言

其实当众讲话，谁都会害怕，只是程度不同而已。为了克服自卑，树立信心，你不要放过每一次当众发言的机会。在我们周围，有很多思路敏锐、天资颇高的人，却无法发挥她们的长处参与讨论。并不是她们不想参与，而是缺乏信心。在公众场合，沉默寡言的人都自认为：我的意见可能没有价值，如果说出来，别人可能会觉得愚蠢，我最好什么也别说，而且，其他人可能都比我懂得多，我并不想让他们知道我懂得这么少。这些人可能常常会对自己许下渺茫的诺言：等下一次再发言。可是她们很清楚自己无法实现这个诺言。每一次的沉默寡言，都是又一次中了缺乏信心的毒素，这样她会越来越丧失自信。

有很多很有才华的人无法发挥他们的长处参与到讨论中，并不是她们不想发言，而是缺乏自信。从积极的角度来看，尽量发言就会增加信心，不管是积极的建设性意见还是批评，都要大胆地说出来，不要担心你的话会显得很蠢，因为总有人同意你的见解，所以不要再对自己说："我怀疑我是否应该说出来。"胆小怯懦的女人常常这样说。语言能力是提高自信心的强心剂。一个人如果能把自己的想法或愿望清晰、明白地表达出来，那么她内心一定具有明确的目标和坚定的信心，同时她充满信心的话语也会感染对方，吸引对方的注意力，直到让人们相信，她的自信心对她人有着巨大的帮助。

所以，现在就开口吧，无论对方是一个人还是几个或一群人，试着把自己心里话说出来，别在意对方的反应甚至是嘲笑，只要坚持不懈，一定会有收获，一定会感到自己的心里渐渐充满自信的力量，说话的技巧也会大有长进。

嫉妒——灵魂的疾病

是否记起，某个假日的午后，你刚从游泳池上来，浑身湿漉漉的，你有些累了，但心情很好，你觉得自己充满了活力。突然间，你停住了脚步，一双光洁修长的腿出现在你的视线中——

你慢慢抬起头来，看着站在你面前的那个女子。她高挑个子，长发垂及腰际，没有丝毫瑕疵的肌肤散发着光泽。她优雅地迈出浴池，轻轻甩一甩头，骄傲地从你面前走过。天！你拼命忍住差点出口惊叹，但原本饱满的自信就像被刺破的气球迅速地瘪了下去。你下意识地裹紧了身上的浴巾，戒备地遮住了自己身上并不那么完美的曲线……

你的心情跌落到了冰点。为什么她能有如此完美的身材？为什么她能随心所欲地穿任何一件衣服？为什么她一举手一投足都那么性感妩媚？还有，为什么你对面的同事总是能得到老板的夸奖，为什么同样一件衣服穿在好友的身上总比自己漂亮，为什么当年大学的好友现在都比自己挣得多……

你我身边的很多女人都是如此，穷其一生都是把自己的目光集中在别的女人身上，与她们进行着无休无止的比较，从身材到容貌，从工作到家庭，从老公到孩子……比较的过程中夹杂着妒忌，比较的结果是失落与自卑。

其实，女人要比男人更容易自卑，而其中一个最主要的原因就是女人间的这种带着一丝嫉妒的相互注视，它让女人觉得自己永远也没有别人好。许多时候，明知事实未必如此，可总是说服不了自己走出这种没有止境的自我折磨。

嫉妒像一座社会的"危城"。楼宇之间，同类之间，都在滋生嫉妒的疾病。

嫉妒是情感的恶之花，是莫名的愤怒，是弱者的抵抗，是阴暗的伤害。

嫉妒和竞争，不在一个层次里，但在一个链条上。竞争是一种正常的比赛，嫉妒是一种邪恶的游戏。

长得漂亮的女性，漂亮会成为一种灾难，一种祸根，甚至一种"罪恶"。

我们常说，"红颜薄命"，首先是"红颜"，而不是"黑颜"、"黄颜"。"红颜"是前提，薄命是结果。

"红颜"女性，除了容易遭到男性的攻击之外，更容易受到同类的嫉妒和摧残。人们都说林妹妹不快活，其实，林黛玉的"葬花词"恰恰说明她内心的苦闷。谁叫你有才华？谁叫你长得靓？"才华"加"漂亮"，已是女人的全部"亮光"；为什么偏偏你一人拥有？

谁都懂得，男人很少嫉妒女人，而女人更少嫉妒男人。嫉妒常存在于同一性别中，彼此相生相克，闹得不可开交。

嫉妒也表现于"同位嫉"。

学历相同，职位相当，文化相等的"同位"者，最容易滋生这种疾病。对方的存在，似乎威胁到自己的生存。因而，把正常竞争演化为一种嫉妒。

嫉妒还表现为"同龄嫉"。

所谓"年相若，道相似"。由于经验相等、未来相等，成为潜在竞争对手。当竞争变味为嫉妒的时候，就表现为人身攻击，或者阴谋陷害。

这种永无止境的自我折磨最终只会让自己变成一个喋喋不休、心胸狭窄的女人，痛苦一生，毁灭人生。

生活在充满竞争的时代，当他人超越你的时候，你便从内心感到自己受了冷落，受了不公平的待遇。嫉妒——这种被称为"灵魂的疾病"的感情，便很容易爆发。

嫉妒的产生，主要是由于不能正确地估价自己，缺乏自信心。有这种情绪的人往往自卑感也较强。她们热切期望得到别人的承认和称赞，或者说，有强烈的虚荣心。嫉妒情绪一旦产生，就会使你在情绪上感到不悦，精神从此萎靡不振，此时你的言论与行动、思维与情绪全都会受到他人的操纵，丧失自制的能力，给你的身心带来极大的损害。

你对一切都要求公平，这会使你失去许多与人交往的机会。也许

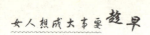

你经常抱怨对方："这不公平！"然而这是一句很糟糕的话。既然你认为自己受到了不公平的待遇，一定是把自己与别人相比较：认为别人能做的事你也能够做到，别人不该比你占优势。这样思考的结果，必然是用别人的情形来判定自己，让别人支配自己的情绪，是别人造成了你的不悦。这便意味着你把自己的控制权、支配权以及主权、人权统统交给了别人。

染上嫉妒恶习的女人应该怎样克服这一性格的弱点呢？首先要心胸开阔，正确对待在事业上和学习、生活上比自己能干的人。其次，要充分认识嫉妒害人害己产生的恶果。嫉妒者多半把自己的主要精力和全部智能都下意识或十分明确地用于攻击和伤害被嫉妒一方。虽然有些嫉妒者也知道这样做于事无补，但仍像中了邪似的受制于它。

一种克服消极嫉妒心理较好的办法是：唤醒你的积极心理，勇敢地向对手挑战竞争。积极的心理，必然会产生自爱、自强、自奋、竞争的行动和意识。当你发现你正隐隐地嫉妒一个在各方面比自己能干的同事时，你不妨反问几个为什么和结果如何，在你得出明确的结论之后，你会大受启示。长时间地停留在嫉妒之火的折磨和煎熬中，并不能使自己改变面貌。要赶超他人，就必须横下一条心，在学习或工作上努力，以求得事业上的成功。

总之，对于他人在事业上的成功，既要嫉妒，又要不嫉妒；嫉妒，就是积蓄你自己大量的精力、时间、智慧去产生应该属于你范围内的积极心理；不嫉妒，就是要洒脱和不甘于落后，对自己充满必胜的信心。这才是成功者的风度。

职场美女低调做人

心理学认为，美女在事业上容易失败，其心理因素占主导地位。许多漂亮女子内心都潜伏着心理障碍，最为常见的是以下五种：

（1）漂亮产生过分的优越感

自古红颜多薄命，从人才角度讲，漂亮女子成才的确比较少（文艺行业里稍例外）。这是因为漂亮女子容易产生一种盲目的优越感。从心理上看，男女对于成就感的需求各不相同，策动男性追求成就的心理关键是"竞争"，女人的动机却是"社会的接纳"，而一些漂亮的女子往往不思进取，认为自己天生已有了被社会接纳的资本，无需再费力去"竞争"了。

（2）害怕成功会取代爱情

社会上有这样一种现象，女子学历越高，找对象越难。一方面是成功的女人往往容不得男人比自己差，而特别称心的男子又不容易觅得，另一方面是许多男人要"贱内"，而不喜欢"女强人"。因此，许多女人深信，事业上的成就不仅会受到社会的排斥，而且也会带走夫妻间的爱。

（3）同性的嫉妒心理

女性本不喜欢与人竞争，但在爱情上或在对待同性时却"竞争意识"十足，可惜，这种竞争使她们失去已有的优势。一些女人自身的不足在于病态般的嫉妒，她们不善于协调自身的有利因素，盲目地同那些本不应与之竞争的对象去竞争，最后失去大局。

（4）不要给人以爱"闹性子"的感觉

在事情忙不过来的时候，人们通常都会闹情绪，女性更是爱"嗔怒"。这其实是一种很不好的习惯，就因为"嗔怒"同事会认为你做事缺乏统筹安排甚至会怀疑你的工作能力。而美女务必要注意，即使工作再忙，也要注意说话的态度，不要让同事误认为你倚仗美丽而"爱闹别扭"。

（5）降低说笑音调

在办公室里很多人对美丽女性在说笑时发出的尖锐声和娇嗔状多有反感，因为他们会认为你是借此引起人们对你"美丽"的注意。他们即使口头不说，内心也会看不起你。在一句话末尾突然提高音调，给人的感觉好像是要提出什么问题以表现出自己对此事的不相信，但是大多数女性对此并不重视。所以你应该试着降低结束语的音调，使之听上去更有权威性。因此，职场美女应时常注意自己是否有这样的不足，应努力做到"有则改之，无则加勉"。

（6）不要给人以"花瓶"的印象

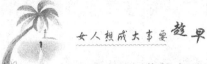
美女的工作能力通常都被打折扣，因此，作为职场美女的你除了适当地展现女性温柔的一面外，千万要想方设法展示你理性、坚强的一面。特别要让你的男同事和上司明白，除了美丽，你还有聪明的大脑和完全可以胜任工作的能力。

美丽的容貌是上帝的恩赐，是多少女性羡慕和渴望得到的。漂亮女人的苦恼并不源于美丽的容貌，只要注意提高自己内在的素质，谦虚谨慎，与异性交往适度得体，那么内心的烦恼就会减少。如果采用以上方法都不见效的话，那么漂亮女性就应采取这样的心理应付方法：别人越嫉妒你、越讥笑诽谤你，就越说明你漂亮，有才华，卓尔不群，出类拔萃，那么心里就越高兴。对那些令你烦恼的人和事嗤之以鼻，继续走自己的路。

人生不如意事常八九

人生总是充满了折磨的。要不张爱玲怎么说："生命是一件华美的袍，爬满了虱子。"这也印证了那句老话："人生不如意事常八九。"

据统计，每天每个人所有的想法里，差不多有60%都是负面的，例如：我太累了，再也不想继续下去；事情太难了；没有什么意思等。时不时冒出头的负面想法阻碍了我们的进取。

有句老话叫："三穷三富过到老。"意思是人生没有一帆风顺的，总会遇到一些人生的低谷时期。这时，人的本能反应是对自身价值产生怀疑，甚至激烈地怨恨社会、诅咒造化弄人。

我们需要十分清醒地告诉自己，在驶向目标的过程中，遭遇挫折和困难是我们不可避免的和经常要做的功课。这是因为我们担当着责任，因为我们需要破浪前进，因为我们自己是不完美的，因为世界也是不完美的，因为风浪是不可预测的，所以我们无法找到避风的港湾，除非我们决定停止远航。我们唯一有效的办法就是更多地修炼自己，才能在风浪中为自己架起天然的保护罩。

很久以前流行过的散文集《罗兰小语》里的一些话，现在看起来还是很有道理："如能把这一天中所经的是非恩怨，都用一种宽容恬淡的心情把它看开，再重新在心中点燃起'希望'和'勇于生活'的两盏灯光，我们就能用安稳愉快的心情去迎接明天。"

如今的时代是一个充满着躁动的时代，许多人都已经变得有些浮躁与不安。其实，这种躁动情绪只是社会大背景下的一种特有现象，我们的目标是要挣脱旧的生活框架，重建新的生活模型。所以，实际上这种躁动的情绪隐藏着我们发展的锐气和对生命和谐的渴望。

自我暗示对人的情绪乃至行为有着奇妙的作用，既可用来松弛过分紧张的情绪，也可用来激励自己。当遇到愤怒、忧愁、焦虑、困难、挫折时，不妨运用内部语言默念提醒自己"不要发怒，发怒会使事情更糟"、"愁也没用，还是面对现实想想办法吧"、"别人能行，我也一定能行"、"一切都会过去"、"别人不怕，我也不怕"，这种积极的心理暗示在很多情况下能驱散忧郁和怯懦，使自己恢复快乐和自信。

为了保护自身的健康，当代女性受到挫折时应该学会一些化解内心痛苦的方法。

（1）鼓劲化解法

我国前女排运动员，几乎个个都带有伤痛，都有失败的回忆，但她们并不因此放弃训练，而是以"世界冠军"的目标鼓励自己，不怕苦，不怕累，克服伤痛，提高技艺，终于登上世界女排顶峰。她们这种积极向上的健康心理状态，是很值得赞许的。

（2）自我安慰化解法

自我安慰法是一种建立在不确定事实基础上的心理抚慰法，常能起到很好的化解内心痛苦的作用。例如，某商店在出售削价化妆品，价廉物美，当你急匆匆赶到时，化妆品已售完，心中自然很失望。这时，你不妨设想：这种化妆品恐怕快到期了，否则为什么要削价？

（3）类比化解法

有个女孩的电脑失窃了，心里很不高兴，去向小姐妹诉说，谁知小姐妹们告诉她，张家小姐刚买一笔记本电脑不到三天就被偷走，李家女士一新笔记本电脑还未使用就失踪了。这时想到自己的是台半新半旧的电脑，通过这样一类比，心情也就不太沉重了。

（4）补偿化解法

一个女青年，十分美丽，一心想当电影明星，不幸出了事故面容受损，这使她非常伤心，但她努力练习发声，后来成为配音演员，补偿了她当电影演员的心愿。另外，曾有一位名画家，因病右手瘫痪，不能继续作画，丧失了艺术生命，这是十分严重的精神打击，可是他毅然用左手练习画画，经过艰苦努力获得成功，恢复了艺术青春，精神上得到了补偿。

（5）升华化解法

人在遇到挫折后，内心充满激愤，然而经过冷静思考后，采取一种对社会有利的行为，制定一个对国家、对人民有益的目标去奋斗，这种做法叫升华法。升华法常被知识阶层的女性所采用，要有一定的思想觉悟和文化修养。例如，我国著名女画家潘玉良，生活道路上屡遭挫折，她就是不甘心受命运的摆布，将自己的精力，全都投入到艺术中去，百折不挠，终于取得令人瞩目的成就。

（6）赎罪化解法

有些女性存在某些隐私，闷在心里难受，又不能对别人讲。还有的女性曾经做过一些坏事，心理负担很重，她们希望通过一些善举为自己的过失赎罪。例如，有的女性到寺庙烧香，布施和尚；有的女性救济乞丐、收养孤儿等。在赎罪之后，心理上也就轻松了。

别把失败"刻"在脸上

生活不可能平静如水，人生不可能没有挫折。有顺境必有逆境，有快乐必有痛苦。成功人生的标志就是冷静、理智地走出逆境。只有拥有良好的心态，才有助于战胜厄运。真正重要的，并不是我们人生中的偶发事件，而是我们如何面对这些偶发事件，并创造各种不同的人生，绝不能因为命运的不公而阻碍了自己的前途。面临困境时，就要勇敢地接受命运的挑战，要有拒绝失败的勇气。拒绝失败的人，在一个地方吃了闭门羹，会敲另外一扇门，一次又一次不断地继续敲门，直到被接受为止。

珍子是日本人，她们家世代采珠，有一颗珍珠是她母亲在她离开日本赴美求学时给她的。在她离家前，她母亲郑重地把她叫到一旁，给她这颗珍珠，告诉她说：

"当女工把沙子放进蚌的壳内时，蚌觉得非常的不舒服，但是又无力把沙子吐出去，所以蚌面临两个选择，一是抱怨，让自己的日子很不好过，另一个是想办法把这粒沙子同化，使它跟自己和平共处。于是蚌开始把它的精力营养分一部分去把沙子包起来。

"当沙子裹上蚌的外衣时，蚌就觉得它是自己的一部分，不再是异物了。沙子裹上的蚌成分越多，蚌越把它当作自己，就越能心平气和地和沙子相处。"

母亲启发她道"蚌并没有大脑，它是无脊椎动物，在演化的层次上很低，但是连一个没有大脑的低等动物都知道要想办法去适应一个自己无法改变的环境，把一个令自己不愉快的异己，转变为可以忍受的自己的一部分，人的智能怎么会连蚌都不如呢？"

尼布尔有一句有名的祈祷词："上帝，请赐给我们胸襟和雅量，让我们平心静气地去接受不可改变的事情；请赐给我力量去改变可以改变的事情；请赐给我们智能，去区分什么是可以改变的，什么是不可以改变的。"

蝴蝶的成长是在痛苦的挣扎后，才破蛹而出的，人的成长也是如此，一个人想成为优秀或出色的人物，必须经过痛苦的磨炼才能脱颖而出。

香港著名影星刘嘉玲刚出道时曾经被人歧视，被人拒之千里。就因为她的广东话说不好，被人说是"大陆妹"。在香港娱乐圈里，"大陆妹"的称号会让人失去很多。刘嘉玲的事业失败过，感情上受到打击，生活上经历了不幸。她听到的嘘声多过掌声，挑剔多过赞赏。导演不看好她，同期出道的女星拿了无数影后称号后，她才以《阿飞正传》在法国拿了个影后。如果没有导演王家卫，刘嘉玲也许还在默默无闻地演些"俗片"；和梁朝伟的爱情马拉松，更是别人指指点点的对象，分分合合很多次。在习惯了人们的说三道四后，她选择了低调，没想到十几年前的"裸照"竟然被公开。

刘嘉玲与阮玲玉，两人都有"玲"，但此玲非彼玲，面对类似的事件，两人敲响的警铃也绝然不同。面对舆论媒体的侵犯，电影明星阮玲玉留下一纸遗书"人言可畏"，自杀了，一代影后香销玉陨，死后还给那些制造是非舆论的报章杂志以自嘲："我说的都是真的啊！"可是刘嘉玲却没有，面对裸照事件，她勇敢地承认了照片上的女星正是自己。这样的勇气让圈里圈外的人都对她由衷地佩服和欣赏。刘嘉玲的坚强赢得了大家的掌声，面对困难，她不是躲避退缩，而是勇敢地面对。她的形象不但没有受损，反而得到了更多人的欣赏。她说："当一个人的生命受到威胁的时候，每个人都会本能地面对并解决它，我并不是特别坚强，我只是幸运，我就好像是一朵向日葵，阴影永远在背后，我的脸向着阳光，我看每一件事都会用最简单的方法去解决复杂的问题，不过我的智慧仍然有限，仍需要吸收知识。"这不止是勇气，也是大智大慧。社会在进步，人的思想在进步。这是可喜可贺的事。面对如此羞辱事件，不再是躲躲闪闪，哭哭啼啼，以自杀为终结。她站起来，她要捍卫自己的尊严，她要唤起民众的自我保护意识，民众的公德良心。她要唤醒那些不良媒体培养和助长的普通市民"窥私"的阴暗心理，给社会风气造成的极坏影响。

是的，人生不可能一帆风顺，所以自从你有自我意识的那一刻起，你就要有一个明确的认识，那就是人的一辈子必定有风有浪，绝对不可能日日是好日、年年是好年，当你遇到挫折时，不要觉得惊讶和沮丧，反而应该视为当然，然后冷静地看待它、解决它。

很多女人遭逢生命的变故时，总会不停埋怨老天："为什么是我？""为什么我就这么倒霉？""我为什么这么命苦？"……即使哭哑了嗓子，事情也不会无缘无故地好转，所以要坚强地面对。碰到令人伤心的事情发生时，你第一个念头要告诉自己："它来了！这是必经的进程，只有自己能帮助自己，所以我要勇敢面对，现在就想办法处理！"不断用心灵的力量来为自己打气，然后要比平时更振作，才能让自己走过生命的黑暗期，迎向灿烂的光明。遇到困难时，越是坚强的女人，越有一股让人尊敬与心疼的魅力，唯有自己表现得更坚强，别人才能帮助你。

如果你被击倒了，只想一辈子这么赖着、等着、靠着，那么别人也只能选择让你自生自灭，是你断了自己重生的后路。

不经历风雨，怎能见彩虹，一个不曾经历过挫折的人，很难谈得上拥有一个健全的人生。女人的成长，通常是由许多的挫折组成的。就如口香糖广告说："幻灭是成长的开始。"

面貌清丽姣美、身高170厘米的台湾影星王思懿，近年来频频在两岸热门电视剧中显现倩影，人气颇旺，各方片约纷至沓来，已是一颗十分耀眼的明星。但鲜为人知的是，王思懿在演艺事业取得巨大成功前，却遭遇过理想破灭的巨大打击。

王思懿从小酷爱舞蹈艺术，为了跳好一个动作，可以练习上百次而毫无怨言，犹如童话里的小公主，一穿上舞鞋便跳个不停。从小学到中学，她已经打下了扎实的舞蹈功夫，因此很顺利地考上了艺专舞蹈科。

当一名出色的舞蹈家，在舞台上翩翩起舞，这是王思懿最美丽的梦想。她的形体条件很好，双腿修长，身段苗条，天生就是块练舞的材料。她的个性又十分要强，凡事喜欢冒尖，所以学习上刻苦用功，进步很快，成绩一直名列前茅。

天有不测风云。在一次腾空飞跃交叉舞步的练习中，王思懿不慎跌倒，腿部关节的韧带因此拉断，医生告诫她不要再跳舞了。王思懿一向将舞蹈视为自己的生命，将舞台视为自己唯一的世界，突然遭受到如此打击，怎不令她伤心落泪？

就这样放弃自己的梦想吗？伤愈之后，她仍然回到学校，坚持上课习舞。尽管她的舞蹈还是有相当水准，但随着舞蹈难度的加大，她越来越明显地感到力不从心，艺术上已无法再有新的突破、新的超越。于是到了三年级时，她怀着极为无奈、极为痛惜的心情，从艺专休学。

舞蹈美梦破灭后，通过调整心态，她以饱满的激情选择了广告模特儿的工作，她说："我从小只懂得跳舞，其他一点技能也没有，当模特儿是唯一和舞蹈相似的工作。"她拍过许多电视广告及时装平面广告，幸运的是，她很快成了这一行业的佼佼者。

塞翁失马，焉知非福；虽然当不成舞蹈家，王思懿却在广告界尽现风姿，之后又被影视圈看好，并逐渐走红。她先后出演了《刘伯温传奇》、《红尘无泪》、《徐悲鸿传》、《爱爱日记》、《竹蜻蜓》、《秦始皇与阿房女》、《水浒传》等电视剧。由于她的扮相宜古宜今清新秀丽，楚楚可人，因而塑造出众多形神俱佳的形象，深受广大观众的喜爱。

给自己颁发一个"奖"

自我安慰是赢得愉快心情的良药,对保持良好的情绪具有一定的积极作用。世界上的任何事物都具有正反两个方面,永远存在好与坏等多种机会。心态积极的女性会自我安慰,始终朝乐观、进步、积极的方向去思考,她的生活会充满阳光且心情也会随之变得更愉快;心态消极的女性不会自我安慰,所见到的就只是悲观、失望、灰暗,使之处在颓废、沮丧的不良情绪中而不能自拔。学会自我安慰,凡事朝好的方面去想,你就可以避免庸人自扰、杞人忧天的消极情绪,从而找到心理平衡的支点,心情愉快便有了不绝之源。

完成一件高难度工作时,买束花放在自己的桌上,接受新工作时买一个自己喜欢的文具或小玩意送给自己,这样能提升自己工作的士气。

近来有没有人称赞你事情做得不错?你是不是觉得如果有人常常这么对你,做起事来就会特别卖力?要是没有话,你就压根儿提不起劲儿来?

没错!人们就是需要不断听到这类的褒奖,才能支持她继续奋斗下去。不信的话,现在请你立刻做一个小小的实验让自己体验一下。

这个实验很简单,你只需轻轻拍拍自己的背部或是双肩,以赞许的语气说:"这事儿你干得很好!"要是每完成一件事情你都来这么一下的话,你会不会觉得自己很有成就感呢?要是没人这么称赞过你,没关系,大大方方地自己来吧!

千万不要觉得不好意思,要知道,工作得这么辛苦,得到些赞赏是应该的,别犹豫了,赶紧练习吧!

心理专家告诉人们:当孩子们还很小的时候,就应告诉他们:"如果需要别人抱抱,心里才会好过一点的话,只要冲到我面前说:'今天你还没抱我呢!'我就会伸出双手。"此后,只要一有需要,我

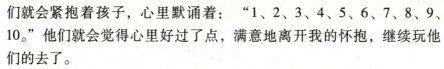

们就会紧抱着孩子，心里默诵着："1、2、3、4、5、6、7、8、9、10。"他们就会觉得心里好过了点，满意地离开我的怀抱，继续玩他们的去了。

因为我们大人根本无法猜测小孩们在想些什么，也不知道他们什么时候需要大人特别注意他，所以设计了这么一个游戏来感受他们的内心世界。

大人总认为小孩子有权利随时随地说出他们的需求，而我们反倒自我设限不愿互吐心声；其实，成人也需要别人特别的注意。也许有一些你认识的人今天也需要你的拥抱，何妨给对方来一个？说不定明天的你也需要。

第四章　你比自己想象的更优秀

推动摇篮的手也是推动世界的手。

女人想成大事要趁早

女性有女性的优势

要知道，每一个婴儿来到这个世界，都是为天才而生，为成功而活。大自然给我们每一个人都赐予了天才的潜能。鲁迅对于天才有一句名言："天才人物呱呱坠地的第一声啼哭与平常婴儿一样，只是哭声，绝不是一首好诗。"天才和俗人、伟大和平凡的男孩和女孩，都是赤裸裸地降临红尘，并无本质的区别。只是女孩子在今后的成长过程中，由于外部环境的优劣，内在心态的修炼和智力训练的强度等多种因素的影响，导致了天才的潜能释放的强弱不同。

女性之所以在一些方面比男性表现得突出，而在另一些方面远不如男性，既有生理的因素，也有社会文化的因素。有人曾对男孩子和女孩子的智商状况进行了测试，测试的结果是：男孩子与女孩子的平均智商几乎相等。这证明，两性在童年时代的智力没有大的差别。只是在青年和成年时期，由于社会文化因素的影响，两性的智力才产生了巨大差距。

现实生活中，女性的语言能力、手指灵敏度和精细动作、语言推理、知觉速度（把握细节和注意从一件事转到另一件事的能力）、艺术欣赏方面高出男性一筹。女性在空间能力、数学推演、抽象思维和理论思维方面，明显逊于男性。因此，女性在从事文学、教育、演奏、精细的手工、社会科学研究、秘书、速记、艺术等方面的职业表现甚佳。但女性在工程机械、数学、自然科学与社会科学的纯理论研究方面不如男性。

女性在艺术表演，如舞蹈、电影表演、歌剧方面压倒男性。在政治、小说创作、诗歌、化学、数学、物理、医学、生物、社会科学、心理学、宇航、甚至恐怖活动中也产生过一些重要人物。女性在选择奋斗领域时，应尽量选择上述领域，这样可以充分发挥出女性的优势，将我们与成功的距离拉的更近。看看下面的女性名人录吧，它会让女

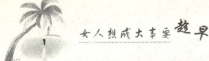

性朋友们更快的了解自己的优势，然后掌握自己的优势，从而找到充足的奋斗的勇气。

政治方面：〔英〕伊丽莎白一世、维多利亚、〔古埃及〕克娄巴特拉、〔西班牙〕伊莎贝拉、〔俄〕叶卡捷琳娜二世、〔中〕武则天、〔印〕英迪拉·甘地、〔英〕撒切尔夫人。

文学方面：〔英〕夏绿蒂·勃朗特（《简·爱》的作者）、艾米莉·勃朗特（《呼啸山庄》作者）、〔美〕托斯夫人（《汤姆叔叔的小屋》作者）、〔英〕勃朗宁夫人。

自然科学方面：伟大的化学和物理学家玛丽·居里、美国的诺贝尔奖获得者玛丽亚·戈佩特迈耶。

生物和医学方面：珍妮·劳威克·古多尔（考察黑猩猩的女科学家）和三位诺贝尔奖获得者孟蒂·泰勒莎·科里、罗莎琳·雅洛和巴尔巴拉·麦克。

社会科学方面：著名社会学家、《代沟》作者玛格丽特米德，著名人类学家、《菊花与刀》作者露丝·丰尼迪克。

心理学方面：精神分析心理学大师凯伦·霍妮。

天文学方面：第一位女宇航员捷连斯相柯。

艺术方面：英格利·褒曼、凯瑟琳·赫本、费雯丽、伊丽莎白·泰勒、玛丽莲·梦露、简·方达。

这些成功的女性告诉所有的女性朋友，女性有自己的优势。所以，女性朋友们，快发挥我们自己的优势吧！以便让我们和成功亲切的拥抱吧！

女性的思维是多轨的

男人和女人的大脑是有很大差别的。

我们知道，由神经纤维联结在一起的大脑分右半球和左半球。右半脑支配左边身体，左半脑支配右边身体。右半脑和左半脑不仅支配我们的行动，还直接影响我们的思维方式。左半脑是语言大脑，它支配人的语言和阅读，能一步步地有逻辑地组织信息，如说话、唱歌、读书等我们都使用左半脑。右半脑负责空间能力，如穿越迷宫、辨别方向、设计房子、画图。辨认人的面孔时，则使用右半脑，它负责组织信息图形，先把事物联系在一起形成一个概念，再把这些概念联系起来形成一个有机结合的整体，右半脑具有直觉性。

男女大脑的发育速度不同。男性右脑发育比女性右脑早，而女性左脑发育比男性左脑发育早。这也是男生小时候在读书、写字、语言口头表达上不如同龄女孩的原因。在男性一生中，他的右半脑有可能比同龄的女性右半脑的功能好，因为男人是右脑定向的，他们对右半脑的使用比女人更有效，这在学习中工作中已显现出男性具有占绝对优势的空间能力。而女人是左脑发达，为语言表达、阅读、书写提供了先天的优势。

男性大脑具有专门化的特点。男人在处理空间问题时应用右脑，处理语言等问题时应用左脑。他不能两个半脑同时应用，比如他不能一边默默思考某件事的同时还和别人谈话。而女性大脑则没有这个特点。她的左右脑可以同时思考同一个问题，因为就某种程度来说，其左右半脑是联在一起的。这样就为女人提供了两个有利因素，即女人具有把整个大脑的注意力集中到一个问题上的能力，它使女人更具有理解力，更能理解人们所说的话的含义与他人真正想的潜在意义之间的差别，更能感受到他人情感上的细微差别。所以说，女性的思维是多轨的。

此外，女人比男人较少地受到意外事故的伤害。比如男人的左半脑由于中风，则可能不能说话，或不能看书写字（当然这取决于损害的程度），如果能有所恢复，也很少能恢复到从前的灵活程度。但如果是女人左半脑中风，或被其他任何事故损伤时，她有可能获得较大程度的恢复。因为她的右半脑的语言能力区域能够执行左半脑被损伤的那部分功能。

男人的大脑构造决定他在同一时间只能干一件事：当男人在查看地图的时候，他必须把收音机关掉；当男人在开车的时候，如果女人和他说话，他通常会错过出口；当电话铃响的时候，男人总是要求大家安静以便他接电话。事实证明有些男人，尤其是那些身居要职的男人，连一边走路一边嚼口香糖都不会。

从大脑的发育情况，我们看出，女性的脑部发育要优于男性，这是女性在工作生活中比男人占优势的另外一个重要方面。

女性看重"感觉"而不喜欢"结论"

女性似乎不断地搜寻自己周围的各种信息。她们不停地接收和分析从自己周边世界输入的各种信息——

女孩子出生一个星期就能够辨别出母亲的声音。而男孩子则要在几周之后才能做到。这种优势始终存在。女性不仅听觉比较好，而且能够比较可靠地划分类别、区别不同声音。她们可以比较快地确定：哪些是孩子发出的声音，哪些是交通、工业噪声，哪些是动物发出的声音。

女性比男性容易一边与某个人说话，一边同时听取其他人的谈话。女性能够觉察到别人声音的变化和各种不同的音域。她们能发现对方的态度和情绪的变化。她们可以察觉别人讲话音调所传达的信息。

在感官知觉方面，男人仅仅在一个方面具有优势：那就是他们比较善于辨别声音产生的方向。

女性能够比男性更快地察觉面部表情的变化，比如额头上一道表示怀疑的小皱纹，并做出相应的反应。嘴角的抽动，双脚不安地晃动，一个逃避或心不在焉的目光，话语里的弦外之音，讲话过程中的轻声咳嗽，女性会立刻注意到这一切。一个手势、一个一闪而过的表情变化，都可以向女性表示是有兴趣还是觉得无聊，是理解还是不理解，是不满还是赞同，是愉快还是恼怒，是清醒还是疲倦，是乐观向上还是悲观失望，是充满自信还是怀疑自己。女性能够发现某个问题是否令人尴尬，或者相反，某人是否希望女性进一步提问，鼓励他多谈一谈自己的情况。当自己把某个人逼入了困境，或者某个人感到丢脸的时候，女性可以感觉到。当别人感到要求过高或者过低的时候，女性也会觉察出来。女性知道，该如何去读懂一张脸，或者从声音里听出一个人的情绪。女性可以从一个人的体态上看出他的精神负担有多大。这一切对女性来说都是自然而然的事情。几乎每个女性都能做到这些。

女性所有的感官功能都比较精确。女性在听觉、味觉、感觉、嗅觉和触觉上都具有明显的优势，女性的感官拥有很高的灵敏度。

女性走进一间屋子，能够迅速地弄清楚屋里人彼此之间的关系，哪些人是夫妇，谁在和谁争吵，谁在向谁献媚，谁是谁的情敌，谁在争风吃醋中会是赢家，谁支持谁，谁反对谁。

女性善于迅速认清朋友、揭露敌人。

无论是私人交往还是工作聚会，女性总是能够立即判定人与人之间的关系状况。她们能够比较快地发现，谁会合作，谁在策划阴谋诡计。在这一方面，女性的思考总是遥遥领先。

在大多数情形下，女性都能够比男性更加精确地判断出别人想要什么。她们能够感觉出自己的孩子需要什么。她们可以猜测到自己的配偶最喜欢什么。她们还能知道，上司期待的是什么。

女性观察问题，总是注重形状和色彩，忽略数量和本质。

比如，当女性去参观故宫或人民大会堂时，她们特别注意人民大会堂粉黄色的墙身和高大的圆柱，以及故宫的红墙和绿瓦。她们不太注意人民大会堂台阶究竟有多少级？用什么材料构成？太和殿旁的石雕，刻了什么图案？等等。

当女性与男朋友第一次见面时，常常注意男人衣服领口是否打皱？戒指是蓝宝石还是红宝石？皮鞋为什么有一只没系上鞋带？等等。

女学生可以一字不差地背诵课文的每一段文字，甚至可以精确指出某一个词在书上的第几节、第几行。但如果要她说出整本书究竟说明了几个问题？这几个问题之间又有什么关系时，女学生就茫然了。因为，"感觉"注意局部，忽略整体。

女性对"声"、"色"的感觉，男性确实无法相比。

比如，一对恋人游览九寨沟，女性对自然"声色"的欣喜程度超过男性。因为女性使用的是"审美感情"：九寨沟碧蓝的海子、苍翠欲滴的群山以及雪山顶上飘飞的白云，那红、蓝、绿、白的色彩，在女性的心中编织成了一个童话世界。

女性对自然风光的"摄入量"胜过男性。男性眼睛和耳朵的灵敏度，都被理性分析所取代。生物学的一个命题在这里得到了极好的印证：一个器官衰退，另一个器官进行补偿。男女在自身进化中，由于社会生活角色的差异而促使了生理器官的"物竞天择"。

女人看重感觉，男人注重理性。

男人总认为女人幼稚，只有"感觉"而没有"逻辑"。叔本华直言不讳地说，女人最适于担任保姆和幼儿教师的工作。因为她们本身就像个孩子，她们的思想介于男性成人和小孩之间。

男人与女人不同，男人不能没逻辑，他们是理性动物，要靠逻辑生存；而女人则是感性动物，大多天生没有逻辑，她们凡事凭直觉。女人喜欢一个人时，那人的粗鲁都是酷的；但她讨厌一个人时，那人的任何殷勤都会令她恶心。

在小学阶段各方面都极为优秀的女学生，往往到了中学阶段就每况愈下。这种倾向是极为普遍的。女性在小学高年级时期，无论任何学科都极为优秀，到了中学阶段，就有她易学和不易学的学科之分了。例如，有些学科依然拿手，但是物理、数学的成绩却逐渐降低。

这个原因和女性身体的发育有很大的关系。这个时期的女性，由于初潮、乳房膨胀，开始呈现出了女性体型上的第二性特征，表现出憧憬美好的事物，钟爱小东西、温柔感伤等情绪。这些都为未来的妊娠、生产、抚育子女等在肉体上和精神上做准备。因此，越是女性化的女人，对情绪上的事物就越关心。

此外，对理论和分析的工作，由于理论性和抽象性的区别较大，例如，纯数学和物理学，这种理论中的理论所具有的定理或公理的探讨和证明工作，还是由男性来承担比较适宜。

根据抽查结果，凡是对物理和数学等学科发生异常兴趣的女性，一般来说，不是身体发育还没有到女性的发育的第二阶段，就是在情感上缺乏温柔体贴的女性。当然，也有例外。

女人的语言，不喜欢直截了当地判断，而喜欢描述事物的过程。女人看重"感觉"而不喜欢"结论"。她们可以绘声绘色地向你描述一个故事，可以把所有的细节组合起来变成一幅图画，但她们不喜欢抽象的议论。女人的思维在眼睛里，不在大脑中。

一家杂志社的男记者曾说过这样一段话："当我们共同采访时，女记者收集的资料往往非常齐全，可是到了需要把资料与主题协调时，她们就无法处理得很好了。"

但是，如果认为缺乏组合力的女性，智慧一定比别人差则是绝对错误的。

女性为什么缺少组合力？大概是女性的感性太强，过于详细地捕捉每一部分的细节，如此一来，她就没有充裕的力量来一窥全貌了。

男人喜欢玩逻辑思维，比如，先明确一个概念，然后进行推理，最后下断判。女人却没这么啰嗦，她们往往"抄近道"直奔主题。

比如说，妻子做了一桌子菜，丈夫边吃边唠叨："真难吃，像猪食（明确概念），炒这种菜的时候不能放酱油，否则破坏了清香……还有，我早就跟你说过，拌凉菜不要放花椒粒，弄得人满嘴发麻……呸，这是米饭还是沙子呀，牙差点硌掉（罗列事实），你这个笨蛋（结论）。"

如果换成男人，会找种种理由为自己辩解，但女人才不会这么笨呢。她会直接说："你吃不吃？不吃拉倒，是的，我做的就是猪食，所以你才肥得像猪。"

的确，这才是问题的关键："不好吃也没见你少吃一口。"男人被噎得翻过若干白眼之后，知趣地闭了嘴。

神奇的直觉能力

心理学家把一种突然地、意想不到的顿悟或理解叫做直觉，这是一种普遍的思维现象，但却魅力无穷。许多科学家、艺术家、社会活动家在创造发明、进行创作或做出重大决策时，都会出现这种直觉现象。

直觉在人类认识史上占有十分重要的地位。20世纪最伟大的科学家爱因斯坦说："真正可贵的因素是直觉。"德国物理学家黑尔姆霍兹说，他的许多巧妙设想，"不是出现在精神疲惫或伏案工作的时候，而常常是在一夜酣睡之后的早上，或者是当天气晴朗缓步攀登树木葱

茏的小山时"。还有些科学家的灵感和顿悟发生在病榻之上，爱因斯坦关于时间空间的深奥概括是在病床上想出来的。生物学家华莱士关于进化论中自然选择的观点是在他发疟疾时想到的。这真是：踏破铁鞋无觅处，得来全不费工夫！

如此说来，"直觉"果真神秘而诱人，我们只要睡觉做梦、游玩散步、生病卧床，甚至抽烟、饮酒、喝咖啡就可等来"直觉"，那该多好呀！

有一趣味问题，作为夫妻，甲总是讥笑乙优柔寡断。在面临决策时，乙总是反复考虑；甲则总是直截了当地提出见解，尽管说不出什么道理，但事实证明经常是对的。问：甲和乙谁更像女性？

——答案：甲更像女性。女性逻辑思维能力较男性差，但直觉能力却明显优于男性。由于女性思维总是从经验、印象出发，因而做出分析判断的速度较快，在涉及对人物的分析判断方面准确度也较高。近年来国外心理学的研究发现，女性直觉能力优于男性。

女性直觉的敏锐度，一向会获得男人的好评。也是男人不得不俯首认输的一点。

为何女人的直觉会如此的敏锐呢？

原因之一，脑部核磁共振显示，正常女人在面对面进行交流时，动用 14 ~ 16 个脑部区域。这些区域用于解码语言、语调变化和肢体动作，这很大程度上可以解释为什么有"女性的直觉"。男人通常只用 4 ~ 7 个脑部区域，因为在人类进化过程中使男性大脑结构，更适于承担空间任务，而不是女性拥有"超级识别力"，旨在保护她的领地不被陌生人侵犯以及与孩子进行交流。女性需要具有看一眼自己的孩子就能迅速区别疼痛、害怕、饥饿、受伤、悲伤和喜悦的能力。她需要迅速辨识接近她巢穴的人的来意。没有这些生存能力，她会暴露并置身于危险中。出于同样的原因，女人可以读懂动物的感情。她能告诉你一只狗是高兴、悲伤、愤怒还是害羞。大多数男人难以想象狗害羞会是什么样子。男性从事捕猎工作，任务是准确击中猎物，而不是和猎物交谈、协商和理解它们。

原因之二，正如上文所说，女人大脑结构是多轨的，可以同时处理多条消息。这给了女人额外的优势，可以在倾听谈话和解读肢体动作的同时进行交谈。男人的大脑是单轨的，同一时间只能处理一种消息，自然会错过肢体语言。

男性以逻辑的思考取胜。欲把握一件事情的真相，或者实态时，男人会一步一步地登上逻辑的阶梯。换句话说，他们喜欢采取以道理断事的方式。因此，一旦阶梯在中途折断，他们就不能再向前推进了。

"好复杂哦！令人费解！"一旦男人做出这个结论，那就表示再也不追究下去了。女性却不如此。她们从来不重视逻辑，只重视在那一瞬间，在自己脑海里闪动的灵机。

美国联邦调查局的特工都会接受一种被称作"微表情"的训练。他们使用慢镜头来识别和捕捉说谎者说谎时细小的、快速的、转瞬即逝的表情。例如，比尔·克林顿在回答有关莱温斯基的质询时被发现有轻微皱眉的动作。女人的大脑可以读懂这些信号，这不仅可以解释为什么女人比男人更难愚弄，还可以解释为什么女人在谈判时比男人更具洞察力。

女人的直觉有时也会"不准"，但是十之八九都很灵验。

正因为如此，有些女人很自负地说："我的直觉很灵验，连我自己也感到奇怪呢！"

"打从学生时代起，我的直觉就很灵验。当我心血来潮，担心上英文课时老师会叫我背书，或者突然感到郊游那天会下雨时，果然，全都变成事实。"

有个女孩对王先生产生了好感。在某一个星期天，"现在我如果到街角的邮筒投信的话，一定会碰到上街买香烟的王先生。"她突然萌生了这种念头。为了试试自己的直觉是否很准确，她专程上街走一趟，结果真的碰到了王先生。

女人可以把注意力集中于一件事。同时，又能够基于某件事，探求它与别的现象之间的"关联"。

除此以外，女人对断续、接近的事情，以及类似的事情都很敏感。例如，她们能够凭观察男同事 A 先生，每次系红蓝领带上班时情绪不稳定，以及 B 先生每到星期五的 3 点左右，都会悄悄地打长途电话的举动，有系统地连贯起来。

女人的直觉往往能带来比理性判断更准确的结论。因为理性判断会被有意识的言语、行为以及感情之外的利弊权衡所影响，而直觉却更能注意到一个人无意间暴露出来的内在信息，或内心深处的想法。

重视自己直觉的女性还会具有更多的能力。她们可以一眼看出，自己能否信任某个人。她们可以在刹那间决定，自己是否该接受某一项任务。女性做出"这个人是坏人，少与他来往"或者"这个人值得交往"等评语，有时会是意想不到的准确。一位女性企业顾问曾经说过，她仅需与一家企业的经理接触过一次，就完全可以判定这家企业运行的好坏及其未来的赢利或亏损情况。她曾经以此做了一次试验。每结识一位新的企业领导人，她都对其企业的销售量和年盈利额进行推测。结果准确率高得惊人。

一位女音乐老师在第一节课开始时，就能断定自己班级 90% 以上的男女学生的天赋高低，以及学习愿望如何。

女人有着很强的直觉预测能力，这种能力可以说是女人最独特的能力。

实际上，直觉这种思维现象并不神秘，更非偶然，完全有规律可循。表面上看来，直觉似乎是"偶然所得"，其实是"长期积累"的必然结果。由于人们长期研究、思考某一个问题，搜集了大量的资料，做了无数次的实验，付出了辛勤的劳动，使得大脑因疲劳而处于抑制状态，思维变得有些迟钝。这时，如果放松一下，让大脑得到适当的休息和调整，把注意力转移一下，大脑就会重新处于兴奋状态，思维活动就格外敏捷，就有可能茅塞顿开、恍然大悟，产生认识上的突破和飞跃。

男女语言功能的差异

在人类进化史上，女人和小孩都在人类居住的洞穴里过着群居生活。如何与他人联系并建立密切关系对女人生存至关重要。而男人们则在山上默默地等待和寻觅猎物。女人在集体活动中，常常进行语言交流，而男人在打猎或钓鱼时不能说话，以免惊动猎物。现代社会的男人在钓鱼或打猎时也不会说太多话，而现代女性在一起时（比如购物时）却总是唧唧喳喳。女人聊天可以漫无话题，也不需要任何目的。她们说话只是互相沟通。

研究表明，女性大脑的言语功能得到了充分使用。女人每天能轻轻松松地说出 6000～8000 个单词，而男人则最多说 2000～4000 个单词。这就不难理解为什么女人说话的能力会导致男女间产生大量问题。一个职业男性很可能每天中午就会把他一天中所有的话都说光，但回到家后又要面对一个还剩下 4000～5000 个单词没有说的女人！两个女人可以在一起待一整天，然后再在电话上聊一小时。这时候男的就要说："为什么你们见面时不把该说的都说完？"

男性需要比较长的时间才能找到一个恰当的词。一般情况下，他们常备词库里可供使用的词汇比较少。在内心紧张的情况下，紧张程度越高，男性思维的质量就越差。

女性对此却恰恰相反。她们具有比较高的语言天赋，如果受过相应的语言训练。她们能够轻而易举地把说和想结合起来。我们在许多男性身上观察到这样一种方法：形成一个想法、把它说出来、间歇，再形成下一个想法、间歇，等等。而对于女性来说，在预想的同时把它说出来完全是理所当然的。

在两性之间的舌战中女性的优点在于：女性对紧张的生理反应不太强烈。应激反应激素对她们的刺激很小。她们的血压上升幅度不大，而且能很快恢复到正常水平。越激动，语言能力越低的现象很少出现。相反，轻微的紧张甚至能够提高女性的语言质量，以及将思维和语言并联起来的使用。

如果你直到现在仍然没有认识到这一点，那就请再注意一下男性的说话间歇——有一两秒钟。他们比较频繁地停顿。女性说话时虽然也有间歇，但很少，时间也比较短。男性的思维虽然能够达到与女性一样快的速度，但他们常常必须先关闭说话装置，然后才能开启思考装置。

女性的优势在于：对于某个日常表述，一个中等水平的女性所能找到的同义词数量接近一个中等水平男性的两倍。

例如，如果男性能找到 10 个相似的概念，女性就能找到 20 个。这种优势是多么巨大。

即使是在男性和女性掌握同样词汇量的情况下，女性找到适当词

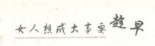

句的速度也明显比较快。

男女的言语功能障碍发生的概率相差很大，其原因在很大程度上是男女的大脑言语能力发达程度不同。男人口吃是女人的3～4倍，而男性发生诵读困难症的概率是女性的10倍。

男性的大脑构造擅长解决问题和不断地找到新点子。他们的大脑言语功能是为了交流事实和数据。大多数男人只是在有话要说时才开口，就是在想谈论事实、数据或解决问题的办法时才说话。这就使他们在与女人交流时遇到严重的问题，因为女人"讲话"的原因完全不同，她们"讲话"是作为一种奖赏和与他人沟通的形式。简单地说，如果她喜欢或者爱你，如果她对你表示赞同或想让你觉得被接受或被重视，就会跟你讲话；如果不喜欢你，她就不会说话。

男人的大脑是以解决问题为主导的。

女人的大脑是以程序为主导的。

男人只有认为对方会帮他找到解决问题的办法时，才会向对方讲私人问题。当女人之间相互交流时，不过想一吐为快，并不意味着要向对方寻求解决问题的办法。不幸的是，当女人向男人倾诉时，男人会认为女人是遇到了一直无法解决的问题才来找他的，所以不免时常打断女人的话，把自己的看法和意见告诉她。

站在女人的角度上理解，男人不停地提供建议，让人觉得他总是对的，而女人总是错的。而女人向别人敞开心扉或道出自己面临的问题时，只不过是表示信任对方而已。

要知道，女人"说话"主要是为了说而说。她想让自己感觉舒服一点，并且想跟你沟通，而不是想从你那里得到答案。你只需要倾听并且鼓励她就行了。你说什么并没有多大关系，参与谈话才最重要。

在男人看来，女人经常含糊其辞，或不着边际，很难直接切中问题的要害。有时男人觉得自己要想猜她到底想怎么样，必须费力气读懂她的心思。女人这种模糊表达叫做非直接语言。

下面是一位男性对他妻子的看法，可以看出男人对这种模糊表达的反应：

我妻子已经将这种非直接语言上升为一种艺术形式。比如，昨天她一边收拾厨房，一边说："今天我们开了员工会，主管说，别吃意大利腊肠。"

我说："什么？她说什么意大利腊肠？"

她生气地喊："不是她，是你。我不想让你吃意大利腊肠，我要存起来。"

我目瞪口呆地站在那儿，使劲地在自己大脑凌乱的档案柜中整理出我们谈话的要点，而她则不经意地接着刚才的话题说下去，告诉我她的上司说的话。

她经常这样。我不得不在她说的一堆话里放好"书签"，以便重拾她刚才打断的话题。她可以悠闲自在地同时进行四五个思维线路，我十分吃力地跟着。可她的女朋友们似乎毫不费力就能明白，我和我的两个儿子却绞尽了脑汁。这么聪明的一个女人说话时思维怎么会如此混乱呢？

她问我："今晚你想看电影吗？"我说："不想。"因为晚上我要收拾车库。直到一个小时过后我才意识到她好久没跟我说话了。我问是不是有什么问题，她说"没有"，可还是不说话。我继续追问，她满眼泪水地喊道："你从来不带我看电影！"天哪，我还以为我是被邀请看电影的一方呢，而不是她！

女人说话时经常使用非直接语言。这意味着她会暗示自己想做的事或主观推断。

女人使用非直接语言的目的是想建立关系和营造和睦气氛，避免攻击、对抗和不和。从人类进化史看，非直接语言方式有助于女人之间避免分歧，更容易沟通，不会支配别人或过于偏激。这对女人之间和睦相处是一种尽善尽美的方式。

女人之间使用非直接语言很少会产生问题，因为女人敏感，可以猜出真正的意思。但用在男人身上却可能产生毁灭性的后果，因为男人善于使用直接语言，而且按字面意思去理解一句话。我们说过，出于狩猎的需要，男人大脑进化得就像一部从事单一工作的机器一样。他们认为女人说话缺乏条理、漫无目的，让人迷惑，因此责怪其不知所云。男人经常这样回答女人，比如："你想说什么？""咱们到底在说什么？""到底是什么意思？"然后男人就会像对待精神病院里的病人一样跟女人说话，或干脆打断她，说："我们都说了十几遍了！""还要说多久？""这种谈话太累人了，根本解决不了问题！"

认真是女人的天赋

认真是女人的天性，优秀的女人要保持对所做事情都很认真的态度。

大家知道，"认真做事"，这句话看似简单，但是做起来很难。

首先，习惯是一点一滴培养起来的。在女人的日常工作中，有大量的事务性的，看起来似乎很琐碎的工作需要她们去处理，如果她们这件事稀里糊涂地做一下，那件事弄个半途而废，长此以往，必定会养成一种极其恶劣的习惯，习惯一旦养成，她们做每一件事都不会认真，纵然有心去踏实地做好这件事情。如此一来，又怎能获得同事，领导的信任？又怎能担当重任？

其次，认真做好每一件事可以使女人始终保持旺盛的精力，充满激情地面对每一天。用一种积极的心态去面对每一件事，你会惊喜地发现，有许多事情远非你所想象的那样索然无趣，甚至很有乐趣，做好了它们，你就会有成就感和自豪感。

而且，做好每一件事，会为我们的成功奠下良好的基础。一个人，若总是能出色圆满地完成每一件事。说明这个人具有很强烈的责任心和上进心，这样的人才，同事、领导怎能不钦佩和信任？做一件件看似不起眼的小事情，正如攀登一阶阶的山梯，一步一个脚印，心中才会踏实，人也绝不会跌落。

也许你会觉得工作很累，也许你会觉得需要处理的事情太过乏味，那么，从现在开始，抱着一种精益求精的态度，抱着一颗热忱的心，投入的你所认为最平凡的事情中去吧，你定会从中发现乐趣！

自考本科毕业的阿眉应聘到一家外贸公司，她职位的意向是经理秘书。但是，公司安排给她的工作是杂工，具体的任务就是负责影印文件。工作难找，阿眉犹豫了片刻后，还是积极地投入到工作中去了。

同事们有了需要影印的资料，便会抱过来让阿眉影印。有时资料

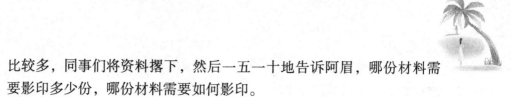

比较多，同事们将资料撂下，然后一五一十地告诉阿眉，哪份材料需要影印多少份，哪份材料需要如何影印。

阿眉记忆力好，不必记录就能准确而及时地完成工作。来取资料的同事也只是浅浅地点个头，然后就扬长而去了。

阿眉给大家影印资料时，都会甜甜地一笑，然后麻利地完成任务。最近一次，经理拿一份合同给阿眉影印，十万火急的样子。细心的阿眉习惯性地快速浏览了一遍，当经理有些不耐烦地催促她时，她指着一处刚发现的错误给经理看。经理看完以后，惊出了一身冷汗，阿眉的更正为公司避免了五百万元的损失。

阿眉立了奇功，经理自然对她委以重任，辞掉了现任的秘书。阿眉坐上了自己梦寐以求的那张办公桌。在后来公司的例会上，经理说："简单事，重复做，要有超凡的耐心，更要有过人的敏锐，那样才会抓住属于自己的机遇。"

提起国际象棋女棋手谢军，大概没有人不知道她是国际象棋女子世界冠军，甚至大多数人还知道她曾四次获得这个被誉为棋后的殊荣。

有人问她："你取得了许多别人难以企及的成功，请问最关键的因素是什么？"

谢军说："我从不认为我有多么了不起的天赋，也不相信下棋靠灵性之类的说辞，我喜欢的座右铭是'一分耕耘，一分收获'。"

"我记得有一句话叫做'性格决定命运'，如果这句话有道理的话，那么我有做什么事都很认真的性格，这大概是我能取得成功的最大因素。"

1998 年，谢军在英国出版了英文自传《来自中国的女子世界冠军》一书，这也是中国运动员用英文发表著作第一人。

当时谢军到英国参加比赛，一位英国出版社的人托下棋的朋友来找谢军，说是希望她能用英文写一本自传，然后由英国出版社出版。谢军刚听说时简直大吃一惊，因为谢军本科学业虽然学的是英文，尽管日常会话还能应付，真要写书还差得很远，谢军开始极力推辞，但一来架不住那位出版社编辑的执着和下棋朋友的劝说，二来也是谢军比较喜欢做点具有挑战性的事情，于是谢军应允了。

在谢军的性格中，这种"要么不做，要做就要做好"的观念特别强烈，于是她开始全力写作这本书。半年后，厚厚的一沓书稿竟在谢

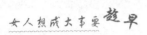

军的一人努力之下完成了。1998 年，英国出版社出版了名叫《来自中国的女子世界冠军》一书。

谢军说，像她这样的英文水平要写书困难重重，有几个朋友劝她，应该找个英文写手来帮忙，她只要口授不就得了。但谢军不愿意，她说她当初答应写书就是想挑战自己英文的极限。谢军还说，别人看她写书写得很费劲，以为她很苦，但谢军自己一点都不觉得苦，而且看到攻克了一个又一个难关，看到每天都有不断厚起来的书稿，谢军的快乐是别人难以体会的。

谢军说："这本书一些细微处经过英国出版社的润色出版了，当时我拿到这本书时，连我自己也很惊讶自己的能力。如果当初没有这个机会去尝试，或许我自己都不知道我可以用英文写书。所以我想说的是，如果每件事你都能认真去做的话，你就有很大的可能成功。"

谢军的丈夫吴少彬说："谢军的定力很强，什么事情她下定决心去做，认真得让人不得不佩服。"

为了优生优育，谢军和吴少彬决定在谢军 30 岁前要个孩子。因为这是个大事情，像谢军这样凡事都认真的人便买了很多关于优生优育的书，谢军想做个好妈妈。

在确定谢军已怀孕的当天，一位大夫告诫谢军说，现在很多软饮料中都有色素的成分，对母子的健康可能会有影响。另外，那些糕点之类营养价值很差，也最好不要吃。谢军当天晚上回来便对少彬说，这些东西我在怀孕期和哺乳期再也不吃了。

吴少彬说："当时我只认为谢军只是说说的，特别是软饮料，真没想到快两年了，谢军真的是软饮料滴水未进，糕点颗粒未沾，我想如果换了我，这么长时间是绝对做不到的。"吴少彬还说，以前他和谢军晚上在街上散步，总喜欢买冰棍一人一根边吃边走，但自从怀孕后，谢军说冰棍和软饮料同属一类，因此连冰棍也"戒"掉了，有一次夏天在家里，吴少彬拿了冰棍吃，谢军实在有点口馋，便让吴少彬用纯净水做了很多"白冰"，以后一馋了谢军便吃"白冰"来解决问题。

小事成就大事，细节成就完美

一段时间以来，医学界一直在探讨某种假设：即女性在综合分析各种细节方面的能力特别突出，实验为此提供了依据。也就是说，女性比较善于将某种特定的经验与诸多类似的信息联系起来。

一位妻子说——只要去找我想找的东西，就能找到（但不是每次）。我丈夫每次找不到东西求我帮忙时，我一般都能把东西找出来，尽管他已经从上到下都翻遍了，甚至常常包括我最后找到东西的地方。

这种情况让我们两个都很恼火，于是我们开始互相说明自己的搜寻技巧。比如，我丈夫要找自己的钥匙，他首先考虑的是自己最后在什么地方见过或用过这把钥匙。他常常在同一个地方查看两三遍。而我则是根据钥匙的外观样式去找：银质的（材料）、带小齿的（钥匙的形状）、红色透光、无光泽的（钥匙坠）。还有：我相信，钥匙一定在这间屋子里。

你熟悉这种情况吗？你找到失物的速度是否比自己的配偶快？也许你对这种差别一直另有解释，误认为这是由于男性的懒散或者疏忽所致——而且很生气。然而关键却在于所反映的是女性的优势。遗憾的是，我们很不擅长承认并重视自己这一明显的优点。

心理学家海伦·菲舍尔得出一个结论——女性的综合思维能力比较强，而且能够透彻地观察比较多的层面。她们采取整体的思考方式。菲舍尔对女性思维方式的赞扬精确地反映出这一点："女性在气质上表现得比较灵活。她们也进行直觉评价，并且具有比较强烈的长期规划倾向。"

最为重要的也许就在于：女性能够消化比较多的细节。"与男性同事相比较，女性接近业务问题的层面更加宽泛。她们倾向于收集更多的信息。在做决定的时候，她们会权衡比较多的方案，审视比较多的可能结果，吸纳各种不同的观点，发现比较多的不同选择。女性比较善于综合反面意见，这也许是因为她们的观察面比较广，包括注意

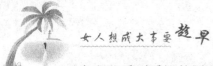

观察那些受到质疑的层面。"

我们来看一个例子——

蒂娜拥有一家运行良好的食品店。她作为特许经销代理加入了一家连锁商店，并定期对自己的员工进行健康和销售问题方面的培训。她具有女性特有的对细节综合的能力。她及时地预料到，特许加盟提供的优惠条件几年后将会减少，而这项工作也许会变得有点无聊。这些因素已经足以让她开始寻找其他出路。

她满腔热情地设计出一个别出心裁的居家用品店布置方案，用烛光、香气和室内装饰烘托高雅的咖啡品种和精美的小吃。在一座火红的壁炉前营造出一种特殊的气氛。"让顾客用所有的感觉去购物。"她如此评价道，"让它成为一家令人乐于光顾并且流连忘返的商店。"

经过一年时间的艰苦规划和布置，商店开业时顾客盈门，顾客对店堂不同凡响的创意和壁炉前的居家情调赞不绝口。

作为男性，洛塔尔则与蒂娜截然相反。

他同样拥有一家高级礼品和住宅装潢商店，也在不断开发新产品。他定期参观各种商品交易会。为了招徕顾客光顾，他在自己的商店里引进了许多花里胡哨的新东西。可商店的赢利还是不断下降，最终不得不关门停业。

蒂娜与洛塔尔的区别究竟在哪里？乍看上去他们具备同样的基础，蒂娜的新店里某些商品甚至与洛塔尔店里的货品完全相同。

洛塔尔仅仅满足于出售自己在商品交易会上发现的最新产品。他不想在自己的店堂里搞什么小吃店（经营咖啡、小吃等），不想弄什么"昂贵的装潢"（比如说壁炉），不想营造什么"华而不实的芬芳气氛"，"顾客就该一门心思买东西。"

蒂娜创造性地将新的潮流移植到自己对美丽的店堂的想象上。她购买的几乎全都是自己喜欢的产品，而且定期重新摆放自己那些"美丽的东西"，"因为不断翻新地展示这些摆设，令我感到心旷神怡。我就喜欢摆弄这些东西"。

洛塔尔就从来没有过这样的热情。"我计算价格的方法是，一定要比竞争对手优惠一些。顾客感兴趣的就是这个。商品当然要很好地展示，但我不可能每个星期都重新布置。我还想白天能有几个钟头看看其他东西，而不是成天盯着一些摆设。"

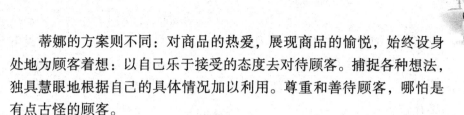

蒂娜的方案则不同：对商品的热爱，展现商品的愉悦，始终设身处地为顾客着想：以自己乐于接受的态度去对待顾客。捕捉各种想法，独具慧眼地根据自己的具体情况加以利用。尊重和善待顾客，哪怕是有点古怪的顾客。

而大多数男性恰恰很难做到这一点。他们把自己的工作完全看做是一种职业，看作是谋生的手段。他们也许可以对一架照相机的种种机关爱不释手，诚心诚意地对其赞不绝口。然而完全以顾客为中心，这对男性来说是很不容易的。

女性一般能够比男性更加精确地觉察到社会的变化，以及空间的变化。我们就是能够发现比较多的东西，而且会把这些东西一一存储起来。如果男性和女性同时在一间房间里停留一小段时间，过一会儿再进入同一房间，对于房间在他们离开时所发生的变化，女性观察到的数量通常比男性多。

男女之间的这种差别非常明显，在各种不同的测试中均可得到证实。同时向男性和女性展示一张印有各种不同物品的图，过些时间之后再把修改后的版本拿给他们看，女性通常能够发现比较多的变化。也许展示的是一幅智力图画，女性会把图上的东西以及其他许多东西铭刻在心里，其真实程度与男性铭记的画面有所不同，女性的比男性的更加细致。

我们把新的知识与更多的旧知识联系起来，于是在自己的头脑里便产生了一张比较密集的网络。当我们回忆的时候，我们启动的联结数量比男性多。这是我们的优点。无须特别努力，我们女性的大脑便可以在每一次学习过程当中吸收和处理比较多的细节和观点。

天下大事，必做于细

海尔集团总裁张瑞敏先生曾经比较过中国员工和日本员工的差异，他认为中国员工确实有大而化之、马马虎虎的毛病，相对而言，日本员工注重加工过程的每一个细小的环节，更加一丝不苟，严格地遵守纪律，两国员工的差异也决定了两国工业产品的质量差异。张瑞敏认为：把一件简单的事做好就是不简单；把每一件平凡的事做好就是不平凡。

有人说，今天的世界，想做大事的人很多，但愿意把小事做细的人很少；我们虽然也缺少雄韬伟略的战略家，但更缺少的是精益求精的执行者；各类管理规章制度虽说不少，但却缺少不折不扣的执行者。"中国人从不缺乏勤劳，从不缺乏智慧，但我们最缺的是做细节的精神。"

一位最伟大的建筑师，在被要求用一句最概括的话来描述他成功的原因时，他只说了5个字"魔鬼在细节"。他反复强调的是，不管你的建筑设计方案如何恢弘大气，如果对细节的把握不到位，就不能称之为一件好作品。细节的准确、生动可以成就一件伟大的作品，细节的疏忽会毁坏一个宏伟的规划。

女性是尤为要注重细节的，在职场上，如果你不拘小节，不注意它们，那么可能往往就会因为这些细枝末节的问题而断送你的职业生涯。

在生活和工作中由于一些人小处随便，结果酿出大祸的事件并不鲜见。"挑战者号"航天飞机空中爆炸，宇航员命丧太空，是由于机身上一道焊缝没有焊好。美国潜艇浮出水面时撞翻日本渔船，造成船毁人亡，是由于潜艇上的操作人员一个漫不经心的操作失误。日常生活中，有人从高层住宅上随手扔下一个酒瓶，结果将正从楼下经过的行人砸死。一家度假村在一处玻璃门上不做警示标记，结果让奔跑的小孩一头撞上，受到重伤。据说世界上许多森林大火，也都是有人乱扔烟头造成的。

天下大事，必做于细。

——中国古代思想家老子说："泰山不拒细壤，故能成其大；江河不择小流，故能就其深。"

——惠普公司创始人戴维·帕卡德说："成功是细节之子。"

——费尔斯通公司创始人哈维·费尔斯通说："在艺术的境界里，细节就是上帝。"

——意大利文艺复兴时期艺术家米开朗基罗说："我们的成功表

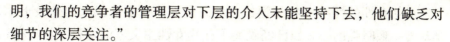

明，我们的竞争者的管理层对下层的介入未能坚持下去，他们缺乏对细节的深层关注。"

——《卓有成效的管理者》作者德鲁克说："对于周恩来来说，任何大事都是'从注意小事入手'这一格言是有一定道理的。他虽然亲自照料每棵树，也能够看到森林。"

——美国前总统尼克松说："工艺上的小差异，显示出民族素质上的大差异。"

可见，小处随便，决不是什么无伤大雅、无足轻重的小事一桩。我们做人，应当像吕坤所说的君子那样："惧大防之不可溃，而微端之不可开也。"

五分柔情，五分坚韧

现代职场中的女性，大致可分为四类：

第一类是属于可爱的"好女孩"型。这类女性以上司、同事（尤其是男性同事）的好恶为标准，缺乏主见，重视人际关系，遇有意见不一致时，为避免冲突及别人的不悦，经常将自己的想法隐而不现。

第二类是"好妈妈"型。她们像母鸡呵护小鸡一样，处处为人着想，将别人的利益放在自己之前，但有时难免会被冠上琐碎、唠叨、见树不见林的负面评语。

第三类女性的代表，是"男人婆"型的女性。她们总以男性的行为特质作为成功人士的标准，因此，不论在思想、言行及服装上，都刻意模仿男性，并有意将自己的女性特质加以压抑。

第四类是属于"第三性"的女性，她们不刻意遮掩自己的女性特质，相反的能将女性温婉、包容和善于沟通的特质，充分地加以发挥，必要时亦能表现出果断、坚决等男性特质，职场中常见的充满女人味的迷人女性。便是这类女性的代表。

女人的迷人之处在于柔弱的外表下有那么一点点男人的刚强。

　　成功女性的性格应犹如铜钱，外圆内方，在柔情似水的外表下，跳动着一颗坚强的心。她已经脱离了狂热女性主义者的幼稚，从不摆出一副百毒不侵的女强人的面孔，以为那样就是坚强。她深深懂得，刻意追求的强悍，与女人真正的内心世界反差太大，是毫无韧性的坚硬。因此，她用最温柔的行为出击，争取最合理的待遇与最合适的位置。而且，她从不像工作狂那样抛弃生活与爱情，她理性地去爱，不依赖爱情，却充分享受它带来的甜美；不控制情感，却把它向美好的目的地引导。男人亲近她，却从不敢轻侮她。

　　诸葛亮兵法有云：善将者，其刚不可折，其柔不可卷，故以弱制强，以柔制刚，纯柔纯弱，其势必削；纯刚纯强，其势必亡；不柔不刚，合道之常。也就是说，一个人必须该刚时要坚强无比，该柔时可以委曲求全，并依据需要，该刚则刚，该柔则柔，且能应付自如。

　　刚柔并济是理想性格的最佳状态，但是要做到刚柔适度是很不容易的，而女人在为人处世上要立于不败之地，又必须学会能刚且柔的人生哲学，确是需要一段时间的锻炼及淬炼，才能有几分的火候。

　　在传统的观念里，男人要刚强，女人须柔弱，女人似乎和"刚"扯不上边。事实上，男人和女人的身体里都有刚和柔两种特质存在，只是刚和柔的表现何者为多而已。

　　培娟是一家公司的一级女主管，作风强悍颇有大将之风，但是不管她是否能力出众或是提出具创意的企划案，每次有任务或工作要执行时，总是遭到属下的杯葛。初时，培娟不以为意，但时间一久总有无力感，后来，有人点醒她，耿直作风虽赢得"小钢炮"的外号，凡事皆不假辞色，却不懂以柔克刚之妙，有些吃过亏的人，便以不配合来表达心中的不满。可见，身为一个领导人物并非只要有专业能力即可，还要有指挥方面的才能和修养。要成为一个杰出的领导人物，博学多才、聪慧过人并不能保证便可成就一番事业，重点是，要知道何时该强、何时该弱、何时该进、何时该退的处世哲学。

　　若能性格刚强却不固执己见，温和柔顺但不软弱。刚柔并济是一个女性领导人物必备的性格，既要不柔不刚也要能柔能刚，才是一个杰出女性领导人物的最佳状态。

　　一般来说，很多人具备着双重性格。智慧女性的成功，就在于她们能巧妙地把双重性格运用在生活和工作当中。刚柔相济的性格，让

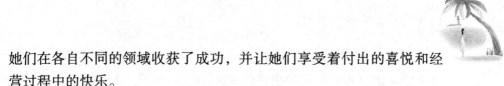

她们在各自不同的领域收获了成功，并让她们享受着付出的喜悦和经营过程中的快乐。

一位男性领导总结："女性管理者做深入细致的工作比较适合，她们对宏观和战略层面的把握差一些，在引领变革方面也不如男性。"

女性管理者应具备双性优势，这是女性人才未来发展的方向。具体说来就是女性管理者在具备女性优势的同时，也要具备一些男性的优秀品质。具亲和力而不失原则，注重细节而不失全局，擅长梳理而不失决断力，不断提升自己的领导力。

中华女子学院副教授罗慧兰曾指出：女性在事业上要想有成就，就必须具备比男性更坚强的心理素质，向男性学习。在成功女性的身上，融合了男女两性的气质，既有女性的温柔、细腻、富于情感的一面，又有男性的刚强、果断、意志坚定的一面。由于女性具有以上优势，在寻求合作、实施人性化管理方面往往比男性更容易获得成功。近年来，在管理学界有一种说法，女性化的领导模式是未来的发展趋势。事实表明，权威型、命令型的男性领导模式即将被人性化、情感型的领导模式所取代，而女性由于具有感情细腻的心理特点并善于把这一优势融于管理之中，形成女性独特的管理风格，因此往往容易获得成功。

前些年人们把成功的女性称之为女强人，"女强人"这个词传递出一种错误的信息，成功的女性要有男性那样钢铁般的意志，强权铁腕，雷厉风行，固然，拥有这些男性品格的女性在和男性的较量中也丝毫不落下风，但是，也许真正懂得运用阴柔力量的女性才是智慧的，她们善于运用巧劲，运用女性的温情、柔韧，有时候这比强权更容易使人就范。

按照一般的理解，温柔是女性在家中相夫教子的时候才用得上，其实在工作中也常常可以用上。在工作中经常会出现两个人因为处理问题的方法不同而闹得不可开交，这时很多性格刚强的男性往往互不退让。如果在这个时候用女性的柔性的方式处理问题，就可以瞬间平息争端，诸如用一个折中的方案，或者先赞同对方的观点，然后阐明自己的观点等。

女性在工作中巧妙地运用自身的性别、性格优势，有时可以收到四两拨千斤的功效。

其实，女人和柔顺像滋养万物的水一样，都是属于阴性的，早在两三千年前，我们伟大的祖先就深知阴性的力量，在融汇东方智慧的道家经典《道德经》中，老子关于阴性的阐述比比皆是，"负阴而抱阳"是道家遵循的法则。

道家思想一直把阴性柔顺当成处世的法则，而身为女性，我们也要善于利用自己天生的性格优势，当男人们像烈火一样用刚强的力量去开拓的时候，我们不妨用水一样柔顺但是持久而绵绵不绝的力量去冲击出自己的一方天地。

所以有时候柔顺是一种更为强大的力量，像春雨一样润物细无声。

男性的优点是力，女性的优点是柔

中国著名学者周国平说：都说男性的优点是力，女性的优点是美。其实，力也是好女人的优点。区别只在于，男性的力往往表现为刚强，女性的力往往表现为柔韧，弹性就是女性的力，是化作温柔的力量。当代许多智慧女性，就是凭借这种温柔的力量，使自己成为一个与众不同的女人。

"阳刚"亦可柔，"阴柔"亦可刚。刚可压柔，柔可克刚。一些人以为柔弱是女人的弱点，其实柔弱是女人天生的优势。

女人只要正确把握自己的这一优势，就能够勇敢地和男人竞争，并在男人的世界里游刃有余。

什么是女人的"柔弱"？那就是她与生俱来的生理心理上的脆弱感。这种脆弱感是激进的女权主义者和男人最鄙夷之处，它又常常只是一种隐蔽的力量。女人必须唤醒它的威力，善加利用，用自己的敏感去觉察环境的危险，用自己的细腻去精心计划防御竞争者的战争，再用自己的坚强去赢取最大的利益，包括盛名、财富和爱情。

柯达全球副总裁叶莺，这位美丽、性感、智慧的女性，之所以能成为世界500强中首位华人女总裁，她靠的不仅仅是聪明能干和极强的个性，更多的是会聪明地运用女性的柔情。

有人认为她的美丽对她的成功很有帮助。但她不以为然。她说："女人天生温柔细腻，在谈判的时候，对方可能会对漂亮一点的人更容易有好感。但是真正起作用的并不是表面的漂亮，而是综合的魅力。"她认为，美丽和事业根本没有什么矛盾，"你可以打扮得很漂亮地去工作，我也不会因为工作去放弃个人的爱好。最重要的是让自己有满足感，满足了就会开心，开心使人更加漂亮。"

在谈到自己如何屡次获得事业成功时，叶莺是这样说的："我之所以成功，首先是女人的柔情，'柔情似水'这四个字没有人用来形容男人，而绝对是形容女人的。女人是水做的，再硬的钻头钻不出河床里的鹅卵石，可是水可以做到，所以'柔情似水'不是指徐志摩诗歌中写的那种'温柔的一低头，像水莲花无限的娇羞'，而是有一种滴水穿石的力量。我每次做事前，不仅只从单方面思考，只考虑到自己的利益，把别人当傻瓜，而要将自己放在别人的位置想问题。"

所以，她在到柯达的第三天，就以大中华区副总裁身份从香港飞到汕头，加入了一个已经持续了三年、正陷入僵局的谈判。当时这个被柯达称为"97计划"的谈判让每个参与的人都疲倦不堪。叶莺一加入到谈判桌前，便切中谈判要害，令局面柳暗花明，成功地达成了"98协议"。之后又完成了与乐凯的合作。

在生活当中，女人有多少智慧，其魅力就有多强大；男人对男人充满"竞争敌意"，而对女人则相反，他们愿敞开温暖的怀抱，成为女人最强大的支持者和恒久的港湾。

柔弱是女性独有的优势，也是女性的宝贵财富。假如你希望自己能成大事，你就应当保持或挖掘自己身上所具有的柔弱的禀赋。

作为女性的你，面对着一件又一件的难办之事，一张又一张冷淡而又厌烦的脸，此时，你的姿势有没有畏缩？表情有没有生动？脸部有保持微笑吗？说话清楚明白了吗？如果这些项目都符合。那么，你的魅力正在得到体现。

有一个公司要派一个女性去外地高校进修，几个人都争先恐后地去找领导表明自己应当去的理由，最后，名额却给了一直没有反应的张小姐。原来，张小姐也去了刘总经理那里，但她没有理直气壮地提出要求，而是流着眼泪，说明了自己没有学历的苦恼，结果，领导被

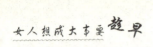

打动了，把这个机会给了她。

这个张小姐虽然没有学历，却在竞争激烈的公司里站住了脚。原因就是她非常随和，总是面带微笑，别人需要她做什么，例如帮助别人打饭等跑腿打杂的活，她都欣然去做，领导和同事都很喜欢她，公司里几次裁员，她都安然无恙。

还有一位女性经理，更善于利用女性的优势。她虽然性格开朗，但不失温柔。她是一个谈判高手，在每次业务谈判中都能使对方让步，原因就是她会巧妙地运用女性的细致和柔情。

一次，在与一个客户谈判中，对方态度坚决，不愿让步，女经理并不急着争论，依然态度温和，把客户安排、照顾得很好。在客户吃饭时，客户西服上的一粒纽扣掉了，她找来了针线，帮助一针一针地缝好，还把其他的纽扣也都加固了。结果，这个客户做出了让步。

古往今来，杰出的男人无不欣赏女性的温柔，马克思说他最喜爱的女性的性格就是温柔。温柔的女性善解人意，在极度的单纯中却有着深刻。

都说温柔乡是英雄冢，不知真的是男人不争气，还是女人会点穴。但温柔使女人变得善解人意，宽容大度，也使她们更有人情味，更能理解别人的无奈和苦衷，所以，胜利不属于她们还会属于谁呢？这就是温柔的力量，没有声势，没有咄咄逼人，甚至悄无声息，却强大无比，无可抵御。

古代阿拉伯有一个叫列依的小国。人们都把列依王国的王后尊称为"斯苔"。她是个十分善良、温柔而又贤慧的女人，当国王法赫尔·杜列驾崩以后，其子继位，号为玛智德·杜列。由于玛智德年纪尚幼，只好由母后代政，这样过了十几年。后来玛智德虽然长大成人，却是逆行不肖，不履朝政，整日只知同后妃们淫逸荒嬉，仍由他的母后执撑大权，周旋于列依、伊斯法罕和卡赫斯坦等大国之间。

在这种情况下，强大的苏丹玛赫穆德，派了一使者到列依，向斯苔恐吓道："你必须呼我为万岁，在钱币上印铸我的肖像，对我称臣纳贡。否则，我将率军攻占你的国家，将列依纳入我们的版图。"使者还递交了一封重要的信件——战争的最后通牒。

列依王国的百姓得到这个消息，群情激愤，与敌人誓死血战的气氛笼罩着这个弱小的国家，但列依王后却宣布与敌人讲和，一时间权

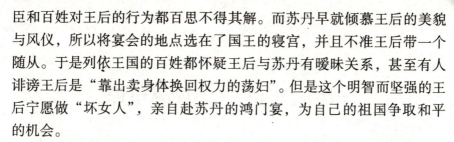

臣和百姓对王后的行为都百思不得其解。而苏丹早就倾慕王后的美貌与风仪，所以将宴会的地点选在了国王的寝宫，并且不准王后带一个随从。于是列依王国的百姓都怀疑王后与苏丹有暧昧关系，甚至有人诽谤王后是"靠出卖身体换回权力的荡妇"。但是这个明智而坚强的王后宁愿做"坏女人"，亲自赴苏丹的鸿门宴，为自己的祖国争取和平的机会。

王后如约到达苏丹华丽的床榻边，但却并没有发生人们猜测的任何暧昧的事情。盛装高贵的王后只是用温和、不卑不亢的语气对苏丹说："尊敬的玛赫穆德苏丹，假如我的丈夫法赫尔还活着的话，您可以产生进犯列依的念头，现在他谢世归天，由我代行执政，我心中思忖：玛赫穆德陛下十分英明睿智，决不会用倾国之力去征讨一个寡妇主持的小国。但是假如您要来的话，至尊的真主在上，我决不会临阵逃脱，而将挺胸迎战。结果必是一胜一败，绝无调和的余地。假若我把您战胜，我将向世界宣告：我打败了曾制服过成百个国王的苏丹。而若您取得了胜利，却算得了什么呢？人们会说：'不过击败了一个女人而已。'不会有人对您大加赞美。因为击败一个女人，实在不足挂齿。"

强横的苏丹听到这话很震撼，看到她那恬静无畏的表情，苏丹彻底放下了手中的屠刀。在她执政期间，玛赫穆德苏丹一直没有对列依王国兴师动武。

斯苔王后的高明之处就是很好地考虑了自己的性别角色，向同样强大的敌人展示了自己柔弱的一面，这等于向对手宣告："好男不和女斗，如果你还算一个有点儿胸襟的男人，就应该放弃对一个弱女子的攻击。"这样反而令对手恐惧，也就不好意思再争斗下去了。女人的柔弱就是具有这样强大的力量，它可以击退千军万马而不动用一兵一卒。女人一定不要小看自己柔弱的一面，这种气质往往是你立身处世的最锋利的武器，这是只属于女人的隐蔽的强大权力。

女人的温柔是一种智慧，是一种修养，是一种最高境界，更是一种力量。正是凭借这如水的温柔，才让女人既可以做一位柔情四溢的妈妈，一个男人贤惠的妻子，也可以拥有自己深爱的事业，成为身兼多职的成功女人。有了温柔的力量，女人变得智勇双全，在人生的路上攻克各种难关，所向无敌。

合作的咒语——双赢策略

交流和冲突研究的新咒语叫做：双赢策略。

直到几年前，杰出的经济学家还坚持认为，不惜任何手段达到目的是获得成功的最佳途径。然而今天他们已经明白，如果达成谅解，每一方都感到能够或多或少地从合作中受益，那么大家都是赢家。同时将会为持久、和谐的皆大欢喜奠定基础。

对于这种合作形式，女性所具备的素质明显比较好。在她们看来，在一个稳固的同盟里大家理所当然必须获得一致的利益，只有这样，整个系统才能正常运行。这种忠诚保证了另一个成功的因素：能够进行长期有效的规划。

在结成短期战略同盟方面，女性比男性困难。但女性却非常善于建立和培养长期、稳固、可靠而且适当的联系。

这种差别早已经显露出来。如果在游戏过程中一组男孩子里有某个人受了轻伤，小组期待的是伤者自己走开，迅速地平静下来，游戏应当继续进行。而如果是一组女孩子，则所有的人都会去关心伤员，游戏便随之中断。女孩子学会了首先关心别人，而这也符合她们的天性。在男孩子看来，继续自己的游戏更加重要。完成自己的需要，赢得决斗，得分，这更加贴近他们。

女孩子游戏，直到自己感到无聊为止；男孩子则会玩到某一方获胜为止。

女性关怀别人的缺点是，自己的工作可能会因此而拖延，而收益是，获得合作的坚实基础以及一张稳固的社会网络。

在牢记自己的工作或目标的前提下，受到整个小组保护和支持的人总是占据优势。

男性常常出于原则而保留信息，保证只有他们自己能够很好地利用这些信息。有时他们会盗用某些想法，既不说出来源，也不分享成

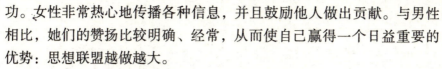

功。女性非常热心地传播各种信息，并且鼓励他人做出贡献。与男性相比，她们的赞扬比较明确、经常，从而使自己赢得一个日益重要的优势：思想联盟越做越大。

男性主宰一切的愿望有许多缺点，特别是有可能失去与同事接触的机会。男性总是喜欢向失利者表明谁是优胜者。

女性很少有时刻炫耀自己领导地位的冲动。她们可以轻而易举、直截了当地请求支持和帮助，或者考察别人的能力和知识。而这种请求对于男性来说则是一道难以逾越的障碍，他们害怕因此而打破等级制度。这在他们看来简直就是亵渎神圣。而女性对等级制度的认识比较透彻。

她们懂得如何建立私人关系。这使她们所处的位置比较有利，在完成自己领导角色的同时，可以采取一种令人愉快的领导风格，与员工和同事保持良好的关系。

女性宁愿提出建议，很少下达指示。她们允许其他人拥有较多的自由。

女性比较坚定地相信，大家可以同时成为赢家。如果我们让另外一个人成为失败者，那他将来和我们打交道时就会比较小心。他可能拒绝合作——或者还会更糟糕——在暗地里伤害我们。

如果一起游戏时始终盯着必须战胜的敌人，就会给自己制造太大的负面压力。

尽管如此，女性还是需要走一段钢丝，才能在完成领导的角色和保持同事间友谊的同时，保持自己的尊严。因为：过多地称兄道弟有损于尊严，就像狂妄自大一样。

当然，女性还必须学习如何做出明确的分配："你怎么回报我的信息?"还有一点，是女性绝对不能放弃的，必须说得明明白白，那就是：自己必须成为"原创人"。

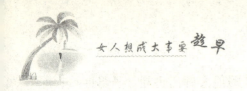

要比男性干得更漂亮

"天生我材必有用"，生活中的每一位女人都有自己的强项，只要善于挖掘自身的优势，就能成就自己的事业。

根据近几年的《福布斯》富豪榜来看，全世界女富豪的身价有升高的趋势，其中 2003 年度美国的上榜女性平均身家 28 亿美元，首次超过男性的平均身价 24 亿美元。中国上排行榜的女富豪也越来越多。

女人的发家过程历来是很受人们关注的，目前中国身价千百万以上的女人，她们大都出身贫寒，没有什么高学历，基本上也都没有继承多少家产，然而她们在这个男主外、女主内的思想束缚着的男权社会中，在这个很不规范并异常激烈的市场竞争当中能够取得成功，她们一定有一些属于自己的优势。

其实，如果不是由于女人承担着过多的家务劳动的话，在工作方面，女人比男人有着更多的优势，这一点已经被社会心理学家所确认。据研究人员们分析说，女性在工作方面相对于男性有六大优势：

（1）女性在语言表达和词汇积累方面比男性强，一般女性都比男性口齿伶俐，而这正是成功的首要条件之一。

（2）女性在听觉、色彩、声音等方面的敏感度比男性高 40% 左右，这在竞争激烈、信息多变的生意场上是必备的条件。

（3）相比之下，女性比男性更富于坚持性。比如在同样情况下对某一件事情，女人很难改变自己的观点，男性则相反，很容易放弃自己原先的想法。这说明，女性更接近于现代企业家的良好素质要求。

同样情况下，遇同一问题，女性往往耐心很大，而男性则常常急不可待。生意人没有耐心是很难做好生意的。

（4）女性发散思维能力优于男性，她们对某件事进行思维判断时，常常会设想出多种结果，而男性则习惯于沿袭一种思路想下去。发展思维能力，恰恰是新产品开发、企业形象设计等方面所要求的。

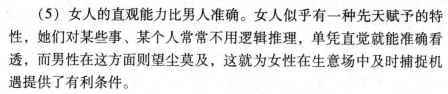

（5）女人的直观能力比男人准确。女人似乎有一种先天赋予的特性，她们对某些事、某个人常常不用逻辑推理，单凭直觉就能准确看透，而男性在这方面则望尘莫及，这就为女性在生意场中及时捕捉机遇提供了有利条件。

职场并非男人的天下，女人的心理特性甚至更适合未来职场发展的主流。然而。女人如何发挥自己的优势。成为职场的主导者是广大女性需要迫切学习的课题。

随着社会的发展，女人们也在跟着发展。当今社会给女人们的生存提供了广阔的天地，让她们和男人们一起面对同样的社会问题，以脆弱的身心承载着堂堂七尺男儿所承载的社会压力：在优胜劣汰，适者生存的工作当中，她们和男人一样共同面对着激烈的竞争；在生活当中，她们更是要面对着来自多重角色的压力，作为人妻，她们一下班就不停地做着烦琐的家务，照顾好丈夫的衣食住行；作为人母，她们要以慈祥的面容出现在孩子面前，关心孩子的成长和学习等等；作为追求上进的女人，她们要凭借着自己的能力来展示自己。

现实生活中，女性在社会就业、升迁和锻炼等方面的机会都少于男性，在很多领域，男女不在同一起跑线上。但是女性不能放弃自己奋斗的努力。对于自身条件好的女性应当有勇气与男性一争高低。无数成功女性的奋斗经历都说明女性在任何领域都可以和男性一样出色，甚至比男性干得更漂亮！

正是社会摆给女人的种种难题，才出现了多元化的女性形象，这是必然的结果。变化莫测的现实生活逼迫着在人生风雨里打拼的女人，成了男人的竞争对手，为了取胜，她们要丢开女性的弱不禁风，以女性的柔来克男性的刚；为了让自己的人生更加圆满，聪明的她们开始巧妙地运用自己的智慧。

现代社会竞争激烈，女性和男性一样站在同一起跑线上。虽然她们没有男性那样健壮的身体和那么强大的力量，但是，她们在社会这所学校里，经过艰苦的锻炼，铸就了成功的人生，成为了当代杰出的人才。

母亲是一切宗教的摇篮，推动摇篮的手是推动世界的手。只要是一个女人，就不要低估自己，我们在见识上不能说优于男人，但也不逊色于男人。女人要提醒自己，要不然会让天性沉睡。

对于想在将来取得一番成就的女性，卡莉·菲奥里纳给出了自己的建议："不要太在意自己是个女性。受传统观念的影响，社会对于性别确实有一些看法，女性要取得信任，相对男性而言难度更大。但女性也具有先天的优势。女性敏感、细致，想问题更为全面。因此要充分利用女性的独特优势，避免优柔寡断、缺乏领导能力等劣势。"

世界最优秀的女企业家之一卡莉·菲奥里纳，是惠普公司创建60年历史上第一位女首席执行官。在2000年《财富》杂志"全球女企业家500强"排名榜上名列榜首。

菲奥里纳的父亲是联邦法院的法官，母亲是一位画家。童年时代的她，深受父母的影响，喜欢读书。稍微长大一些，她就随着父母游历过很多国家，使她长了不少见识。良好的家教让菲奥里纳养成了要强、独立的性格。大学期间，她主攻历史和哲学，后来在父亲的影响下到加州大学学习法学，但一年后，她决定退学。父亲担心地劝她，"你这样下去，将来可能会因此一事无成"。但菲奥里纳仍然坚持己见。她后来考入斯坦福大学，主修中世纪历史和哲学。尽管她后来承认这是她一生中"最困难和最冒险"的大胆决定。

25岁时，菲奥里纳加入美国电话电报公司，从事推销工作并开始崭露头角，随后又到该公司的设备部门，成功地帮助公司在日本、韩国等建立了几家大型合资企业。由于业绩突出，她成为公司北美销售部首位女性总经理。郎讯公司成立时，她被任命为公司副总裁，这一任命，造就了美国商界最具实力的女性。

然而，年纪轻轻就提升为高级领导的菲奥里纳，自然而然地受到郎讯公司那些资深男性的嫉妒，他们根本就瞧不起她，为了挑战这些男性，应对他们的羞辱，她一边不停地学习，一边努力工作，用业绩来证明自己无愧于这个职位。

经过一番努力，郎讯公司当年在股票上的收益为30亿美元，这样的业绩令菲奥里纳名声大振，也堵住了嫉恨她的人的嘴。后来，她担任郎讯公司最大的也是发展最快的部门主管时，该部门每年的收益超过200亿美元，这些成绩，远远胜过那些男性上司。

1999年7月，当卡莉·菲奥里纳加盟惠普的时候，公司已有80多个业务分支。她出任CEO之后，将所有业务整合为四大核心业务。通过整合，菲奥里纳不但使公司的业务结构更趋合理，也给惠普的员工

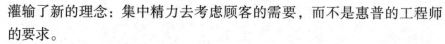

灌输了新的理念：集中精力去考虑顾客的需要，而不是惠普的工程师的要求。

正因为菲奥里纳的智慧与勇气、勤奋与魄力，以及具备成为美国最顶尖的企业执行官的潜力与技巧，因而在 1999 年的惠普董事大会上，董事会成员以全票通过选举她为惠普新一任掌门人。

菲奥里纳凭借着她女性的智慧，在男性世界中摸爬滚打并屡屡获胜，面对获得的成绩，她说："我首先是管理者，然后才是女人。只要你行，就没有什么能掣肘你的发展。"

在由男性主宰的硅谷领域，菲奥里纳成为最靓丽的一道风景线，她拥有脱俗的气质和姣好的容貌，服饰非常讲究，工作上的事情她总是亲力亲为。当有人批评她爱出风头时，她回答说："总裁就是一个公司的形象代表。"

因为她过于突出的坚强个性，不断地与惠普这家老牌科技公司原有的企业文化产生激烈冲撞。她的性格显然无法再和惠普融合，离开就成了她唯一的选择。菲奥里纳的离别感言彬彬有礼，但依然隐约闪现出其强硬性格的影子。她说："在如何执行惠普战略的问题上，董事会和我之间存在分歧，我对此感到非常遗憾，但我仍然尊重他们的决定。"

这就是 21 世纪的成功女性，她们知道如何用智慧来统领自己的人生，不管面对什么样的困难，都不会放弃自己的理想，那柔韧的力量，一如随处可见的小草一样朴实顽强；那非凡的智慧，一如这四处绽放的红、黄、紫、粉的路边野花一般热烈秀美，正因为这些美丽又不平凡的女子，使今日的世界，更加丰富，多姿多彩。

第五章　秀出自己，早成明星

女人要尽早地推销自己。

女人想成大事要趁早

入行要赶早，出名要趁早

选秀对欲出名的人而言简直就像坐火箭，虽说成功几率不高，但绝对可以一夜成名。以李宇春为代表的"超女"，在平民化娱乐中异军突起，一跃成为娱乐圈炙手可热的大红人。"超女"之后选秀层出不穷，成名者亦不少。选秀让草根一跃成明星，平民成为皇后。

赵薇说红就红，凭一部《还珠格格》风靡海内外；不管巩俐、章子怡还是董洁也是说红就红，因为她们拍摄了张艺谋的电影，成为谋女郎；黄圣依说红就红，因为她遇到周星驰、拍摄《功夫》成为星女郎。

这就是年轻的女孩，用年轻当作武器。

美丽是资本，是可以投资的，就是说，吃"青春饭"。

漂亮的脸蛋、苗条的身材、动人的眼睛、白皙的肌肤、天生的丽质，使她们有本钱从事"青春饭"的职业。诸如演员、节目主持人、舞蹈家、行政秘书、公关小姐等。

这些职业大都具有"公众性"。生活法则告诉我们：生存形式的"公众性"，体现个人的"知名度"，能满足女性的"表现欲望"。人的表现欲望与生俱来，小孩与女性尤甚。俗话说，孩子易犯"客来疯"，当然必须是"客来"的时候。女性为什么像长不大的"孩子"，因为女性较男人有更强的"表现欲望"。她们希望成为家庭的"注意中心"和社会的"审美亮点"。

这些青春职业，按克莱夫·贝尔的说法，是一种"有意味的形式"，最容易受到社会的"价值赞许"，使从业者获得一种"精神补偿"。

"价值赞许"是人类社会的"奖赏原则"。男性社会特别崇尚"选美"，致使女性走"名模"之路趋之若鹜。其实，这是男人社会的"求美意识"，是求得"种族美好延伸的本能欲望"。如席勒在《审美教育书简》中说："在人心里培植的社会原则是理性，赋予人的社会性格却是美。"男人都希望有一个健康的下一代。

同时，这些职业体现了"社会交流"。在"交流"中，可以体现女性的"真实存在"。因为，存在体现价值。

一戏成名的女明星看似偶然，因为她们的共同特点就是遇到一部适合自己的戏，遇到一个好伯乐。但是关键在于她们都有良好的素质，都能抓住良好机遇。她们的窜红是偶然更是必然。

当然，这些职业因为"易逝"和"短暂"，特别需要"文化底蕴"的支持、多层的"应变能力"为基础。

张爱玲少女时代就得大名，当时她说，出名要趁早啊，名声来的晚的话，快乐就不那么快乐了。张爱玲还说，生命太短暂，不快点爆发，就会被时光淹没。

张爱玲的出名是 22 岁，与巩俐同岁。张爱玲在那一岁写出了惊人的《第一炉香》，巩俐是在那一岁出演了九儿。其后都是一发不可收。

张爱玲享受到成名的快乐——"原来你也卖她的书啊，她的书好卖么"，张爱玲曾经设想如果有朝一日报摊摆的都是她的书，她会按住喜悦偷偷地问报摊的老板，她也真是问了。巩俐也同她相像。巩俐的电影一部一部出，部部都可进入经典，那种才气喷发的时刻，也和张爱玲在佳作送出的时期类似。只是可惜的是，两个才女生在不同时期，否则她们真的可以成为好朋友。因为，张爱玲是那么爱看电影，每部新片她都看，后来还编剧了《太太万岁》、《南北一家亲》及更为经典的《不了情》。

汤唯，因为出演由李安执导的《色·戒》而一举成名。有人问汤唯："成名会不会让你跟身边的人距离拉开，带给你遗憾、哀伤呢？"汤唯说："倒不会哀伤，我认为成名可以让我们成长很多。每个地方的人不一样，风景不一样，就连看人的眼神也都不一样的，就像香港的记者与台湾记者访问时的眼神都是不同的。所以，成名，并非是一件坏事。"

所以，女孩子入行要赶早，出名就更要趁早。趁自己还有大把的青春、大把的时间可以去经历，去体会。这样，即使成功后年华逝去、容颜老去，却仍然还有丰富的记忆让自己去回味，让自己去品味。

相信每天的太阳都是新的

很久以前，伊能静唱了一首歌，歌词中说："天变地变情不变……"可是，聪明的你我都知道，这个世界，除了一天天衰老是注定的之外，另外一件不会改变的事情，就是：一天一天都在改变。

在一个公园里，有个老太太愁眉不展地长久发呆，她忧伤地对周围的人说："并不是因为个人的生活使我不安。整个世界都在变化，甚至像打电话这样的事情也由电子计算机或别的什么机器来代替了。"发生在周围的数不清的变化，简直使她不知所措，在变化中陷入困境。老年人害怕变化，希望按照自己熟悉的生活方式安度晚年，这是合情合理的。害怕变化是心理衰老的一种标志。但是，青年人却应当欢迎变化，不应当对变化采取漠视甚至固执的态度，因为那将会使自己被社会所淘汰。

现代社会是一个激烈竞争的"战场"，竞争各方为了跻身竞争的前列，无不使出浑身解数，不断推出新思想、新方法。激烈的角逐和竞争，使社会现象变化迅速异常。现代社会前进的速度，是历史上任何一个时代都无法比拟的。

曾经有这样一个年轻而特别的中国女孩，她外表纤弱、美丽、温柔、充满朝气，人们称她是一个强有力的女孩。之所以说她强有力，是因为她曾在不到4年的时间里，在华尔街最著名的摩根士丹利投资银行主持过近7000亿美元的企业收购和兼并项目；她笑谈风云，在凤凰卫视与中国许多企业家讨论着天下财经大势。她就是曾子墨。但这个女孩的成功之路也不是一帆风顺的。

1992年冬，在中国人民大学国际金融系一年级读书的曾子墨，以优异的成绩获得了达特茅斯学院的全额奖学金。带着全家人的希望、朋友的祝福和同学的羡慕，她只身一人来到美国达特茅斯学院读经济学。

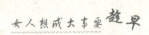
初到美国的曾子墨面临着重重困难：她不会用 ATM 机提款；无法接受同室吸毒的女同学半夜三更回来时的大呼小叫；更不能忍受 96 级的男同学们在草坪上裸跑 96 圈的仪式。渗透到骨子里的中国传统让她不得不退出这里的"主流社会"。这时的她感到十分迷茫和孤独，一个个清冷和寂寞的早晨与黄昏，曾子墨唯一做的就是不停地读书和打工。

曾子墨到美国的第一个生日，是在学校的食堂里读着爸爸的来信度过的。看完父亲的信后，泪流满面的她心想："我为什么要这样远离家人千辛万苦地跑来美国？难道人人羡慕的美国生活就是这个样子吗？就算念完 4 年大学，前面的路又该如何走呢？走着没有目标的路，何以回亲爱的祖国见父老乡亲？"

4 年时间在曾子墨孤独奋读中过去了，临近毕业时，华尔街很多著名的投资银行到学校来选拔人才。经过 30 个企业高层的面试后，曾子墨在优秀生如云的高材生中脱颖而出，成功地进入美国最著名的摩根士丹利投资银行担任分析师，主要负责企业并购。

看到曾子墨如此顺利地进入摩根士丹利投资银行，许多人向她投去了羡慕的目光，有几个学生向她讨教经验，曾子墨总结说："其实机遇面前人人平等，关键是技巧。大公司对于员工素质的要求就那几条，不外乎敬业、有责任心、团队意识强等，我只要把这些话，通过自己 4 年中发生的故事表现出来，就能给那些面试者强烈的认同感。"

这就是经历带给曾子墨的成功，如果没有 4 年的孤独和思考，没有 4 年的苦学和深思，恐怕她就不会顺利地走入摩根士丹利投资银行的。

后来，曾子墨因工作需要来到香港，工作上的接触让她对凤凰卫视有了初步的了解和认识。恰在此时，凤凰负责人向她发出了邀请，希望她能加盟凤凰卫视中文台。曾子墨经过几个小时的考虑后，做出一个大胆的选择：辞掉摩根士丹利投资银行的工作，加盟"凤凰"，做她心仪已久的媒体工作。于是，3 个月后，优秀的曾子墨作为凤凰卫视的财经主播，把自己的专业和兴趣完美地结合在了一起。

任何人都知道，凤凰台的主播功底一定要深，修炼得要够火候，而且"凤凰"也实在是个很能鉴别人才和包装人才的单位。曾子墨在"凤凰"从策划栏目到策划选题，从参与文案到出去采访，从主持播出到后期制作，她把任何环节的工作都做得很到位。

坚定的判断力、专业的财经知识、敏锐的意识触角、高度的社会良知，使曾子墨很快就成为一名出色的财经女主播，并迅速获得多方面的赞誉。

我们如果仅仅停留在前人的教诲中，那么，我们的能力就会远远不够。为此，我们要不断地在社会生活中去探索，去体会，去总结。这样，一个发展节奏加快、组合形式复杂的社会，就会在不同的人们中产生不同的机遇：对于那些适应力强的人来说，多一扇门就是多一份希望，多一种变化就多一个机会。

中华民族是一个创新能力非常强的民族，这从中华民族辉煌、灿烂的历史文化中就能看出来。可是，在两千年的封建王朝统治中，是压制创新的。封建时代留给中华民族的历史文化中，有崇尚经验、反对创新；崇尚权威、反对怀疑的消极因素。

因为崇尚秩序，新的想法和思潮、新的物品往往被当做大逆不道的异端，科技发明被看成了"雕虫小技"，在这种思想观念影响下成长起来的人，往往墨守成规、缺乏主见。就算有个别另类分子，往往在搞出点名堂以前就被官府或者社会采取了"非常措施"，失去了继续发展的条件，从而落得一个"出师未捷身先死"的悲惨下场。

作为一个当代女性，不仅拥有社会宽松的观念条件，而且拥有优越便利的科技等硬条件，你应该先洗洗脑，清除潜藏在思想中的错误观念，突出个性，勤于思考，勇敢地表达自己的观点或见解，勇于向传统、向别人提出不同的意见，做到不唯书、不唯洋、不唯上等，做有主见的人。

这样一来，才有利于培养女性的创新意识，发展你的创新能力，而盲目服从往往会阻碍在这方面的发展。

要想在团队或公司的激烈竞争中脱颖而出成为领导，必须具有应对未来的能力。如果领导意识不到未来，公司肯定没有发展前途。但如果领导应对未来的行为过于超前，员工们是会跟不上节奏的。所以，结论是：领导要前瞻未来，还要给员工们提出只多出半步的行为指示，使其步伐平衡于现实和未来之间，公司才会有长足发展。

历史并不是有能力的人们记录下来的，而是被创造出来的。

与众不同——敢为天下先

对于一件事情是否应该去做，如果你去征询 10 个人的话，通常会有 7 个人会说"不能做"，2 个人会说"不好说"，表示赞同的人最多只有一个。这就是经济学上有名的"一二七法则"。绝大多数女人之所以最终没有变为成功者，就是因为深受"一二七法则"的左右，陷于其中而无法自拔。

在这个世界上，充满了形形色色的追随者和摹仿者，他们总是喜欢依照他人的足迹行走，沿着他人的思路思考。他们认为，"摹仿"可让自己省心省力，是走向成功的一条捷径。

岂不知，"摹仿乃是死，创造才是生"。东施效颦就是对摹仿的最大讽刺。

对任何人来说，摹仿都是极愚拙的事，它是创造的劲敌。它会使你的心灵枯竭，没有动力；它会阻碍你取得成功，干扰你进一步的发展，拉长你与成功的距离。

所以，一个专事效仿他人的女人，不论她所摹仿的人多么伟大，也决不会成功；没有一个女人，能依靠摹仿他人，去成就伟大事业的。

只有善于创新，追求与众不同的女人才能成就大事。

法国美容品制造师伊夫·洛列是靠经营花卉发家的。

她的成功有赖于她的创新精神。

1958 年，伊夫·洛列从一位年迈女医师那里得到了一种专治痔疮的特效药膏秘方。这个秘方令她产生了浓厚的兴趣，于是，她根据这个药方，研制出一种植物香脂，并开始挨门挨户地去推销这种产品。

有一天，洛列灵机一动，何不在《这儿是巴黎》杂志上刊登一则商品广告呢？如果在广告上附上邮购优惠单，说不定会有效地促销产品。

这一大胆尝试让洛列获得了意想不到的成功，当她的朋友还在为巨额广告投资惴惴不安时，她的产品却开始在巴黎畅销起来，原以为会泥牛入海的广告费用与其获得的利润相比，显得轻如鸿毛。

当时，人们认为用植物和花卉制造的美容品毫无前途，几乎没有人愿意在这方面投入资金，而洛列却反其道而行之，并对此产生了一种奇特的迷恋之情。

1969 年，洛列创办了她的第一家工厂，并在巴黎约奥斯曼大街开设了她的第一家商店，开始大量生产和销售美容品。

伊夫·洛列对她的职员说："我们的每一位女顾客都是王后，她们应该获得像王后那样的服务。"

为了达到这个宗旨，她打破销售学的一切常规，采用了邮售化妆品的方式。

如果说用植物制造美容品是洛列的一种尝试，那么，采用邮购的销售方式，则是她的另一种创举。

时至今日，邮购商品已不足为奇了，而在当时，这却是前无古人的。

公司收到邮购单后，几天之内即把商品邮给买主，同时赠送一件礼品和一封建议信，并附带制造商和蔼可亲的笑容。

邮购几乎占了洛列全部营业额的 50%。

洛列邮购手续简单，顾客只需寄上地址便可加入"洛列美容俱乐部"，并很快收到样品、价格表和使用说明书。

这种经营方式对那些工作繁忙或离商业区较远的女性来说无疑是非常理想的。如今，通过邮购方式从洛列俱乐部获取口红、描眉膏、唇膏、洗澡香波和美容护肤霜的女性已达 6 亿人次。

洛列的经历正好证实了金克拉的话："如果你想迅速致富，那么你最好去找一条捷径，不要在摩肩接踵的人流中去拥挤。"

当然，你决定走新路的时候，一定会面对各种各样的困难。有时候，连你最亲近的家人和朋友甚至也会"背叛"你，反对你。你必须勇敢地坚持己见，只要你能用自己的实际行动取得成功，证明自己是正确的，反对声自然就会烟消云散了。

机会青睐有准备的头脑

机遇是随机出现的、影响我们成功与否的偶然因素，但有时又起着决定性的作用。很多人认为自己之所以没有成功，就是缺少像成功者那样的机遇。尽管机遇从其本身来看，并不是一个能够人为地加以控制的东西，但这并不意味着我们就不能努力用心去把握一些机遇，迎接运气的到来。

一位女性成功者说："在我们的生活中，你不需要掌握所有的机会，如果十个机会你可以掌握到一个，你就可以成功了。"

而这个社会里充满着机会，各种各样的机会，大大小小的机会，有好的机会及充满陷阱的机会，要如何选择机会，而搭上机会的顺风，不然机会就会像"风"一样消逝无踪。

遗憾的是，我们中的大多数人只是在无聊、枯燥地过着一日重复一日的生活，却很难去发现蕴藏在生活之中的机会，偏偏机会又是转瞬即逝的，如果你没有一双识别机会的慧眼或看到机会而没有把握好，机会就可能与你擦肩而过。对于一个人来说，无论什么样的机会摆在面前，如果没有行动，就不可能赢得任何机会。

"何谓运气？就是先有预备，再碰上机会。"人生有两种痛苦：一种是"努力"的痛苦，一种是"后悔"的痛苦。在我们人生的每一刻都有许多机会，但是最重要的是如何掌握机会，并且是天天走在正确的道路上，"错过机会，是对潜力的诅咒"，机会不知道什么时候会来，但是实力却必须先培养，没有实力的人即使有机会，也会被淘汰出局。

机会青睐有准备的头脑。

命运的转折，理想的实现，都离不开机遇。机遇是以能力为前提的，一个麻木迟钝、优柔寡断的人，怎么能在瞬息之间做出影响她一生的决定？一个缺乏对时代和社会的认知，对事物发展规律缺乏了解的人，又凭借什么去判断这是不是机遇？一个缺乏胆魄果敢、远见卓识的人，就算抓住了机遇，又能有什么样的作为？机遇不是等来的，机遇需要在等待中准备，时刻准备着，你才能够抓住机遇。

"有机会就上"失败的几率蛮高的，但是相对的成功的几率也会提高，如果没有一试再试的勇气，又怎么会知道结果呢？

机遇对于一个有才华的人来说，就像雨水对于禾苗一样重要，因为机遇可以使你的才华像明亮的星星一样放射出迷人的光彩。

然而，机遇总是像天空的闪电一样，当它来到你身边的时候，如果你不能快速地做出选择，并快速地抓住它，那它就会从你的眼前溜走，使你的才华得不到展示，同时也难以使自己出人头地。

而一个善于选择机遇并抓住机遇的人，无疑会摘取成功的皇冠。

世界影坛最伟大的女演员之一格丽泰·嘉宝，可以说是一个善于选择机遇并善于展示自己才华的人。

小时候的嘉宝是一个很平常的女孩，不过那时的她经常偷偷跑到一家剧院的附近，站在那儿聆听演员们歌唱。有时她还把儿童水彩颜料涂在自己脸上，把自己打扮成在舞台上光彩夺目的大明星。

在她刚14岁时，父亲因病去世了，她和母亲相依为命。为了减轻家里的负担，她不得不辍学到一家百货商店去工作。

有一天，发生了一件小事——正是这件小事使她走上了她做梦都没有想到的成功之路。

她在卖帽子时，向老板提议为帽子做一个广告，以便促进帽子的销售。老板采纳了她的建议，决定拍一个帽子的广告片，并由她来做模特。

要不是一个目光锐利的电影导演偶然看见了那个广告片，嘉宝也许会一直在那里卖帽子呢。

这位导演第一个发现了嘉宝潜在的表演天赋，当时她还不到16岁，他建议她到一所戏剧学校去学习。

就在她在学校上学的时候，有一天，瑞典大导演斯蒂勒派人到那个戏剧学校，要求学校选派一名年轻的女学员去扮演一个小角色。嘉宝得到了这个机会，当时，她的名字叫古斯塔夫森，这不是一个富有诗意的名字，而且不上口，不好记。

于是，导演的魔棍一挥，格丽泰·古斯塔夫森就成了格丽泰·

嘉宝。

后来嘉宝在艺术的道路上，取得了辉煌的成就，成为了世界上最著名的女演员之一，她的知名度比两百年来所有坐在她的祖国瑞典王位上的帝王还要高。

在人类漫漫的历史长河中，有多少有才华的人，因在机遇来临的时候，没有做出及时的选择，没有快速地抓住它，终身默默无闻。

如果你不甘于平庸，就牢记篮球大师迈克尔·乔丹的话：如果你有才华，那么更需要抓住机遇去展示。

创造一个机会给自己

机会不会一次又一次地主动光临，唯有自己主动地不断地去创造机会。

泰莉是位空姐，很喜欢环游世界，也一直借着工作之便尽情玩乐；而另一位空姐晓玲，除了喜爱旅游之外，还希望能拥有自己的事业，而且最好是与旅游有关。

因此，晓玲每到一个地方，总会记下她所经历的每一件事，特别是当地的旅馆和餐厅的情况。此外，她还将自己的旅行经验热心地提供给搭机的旅客。

后来，晓玲被转调到安排旅游行程的部门工作，她在旅游方面的知识非常丰富，在这个部门工作简直可以说是如鱼得水。

在这里，她有更多的机会可以掌握世界各大城市的旅游动态，于是几年之后，她便拥有了一家属于自己的旅行社。

至于泰莉，她到现在仍然是一名空姐，虽然她同样非常卖力地工作，但却没有什么升迁机会，唯一能改变现状的事情，大概就只有结婚了。

其实，泰莉和晓玲一样，都是非常称职的空中服务员，不同的是，晓玲对人生充满积极的憧憬，泰莉却没有任何生活目标。

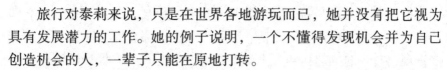

旅行对泰莉来说，只是在世界各地游玩而已，她并没有把它视为具有发展潜力的工作。她的例子说明，一个不懂得发现机会并为自己创造机会的人，一辈子只能在原地打转。

如果你也是这样的人，那么从现在开始，请拿出你的行动来，就算暂时看不到什么作用，也要勇敢前进。

现在，我们身处信息时代，信息就是我们创业的基础。而善于观察又是女人的优势，所以只要能很好地利用这一优势，就能成大事。

金娜娇，京都龙衣凤裙集团公司总经理，下辖9个实力雄厚的企业，总资产已超过亿元。她的传奇人生在于她由一名曾经遁入空门、卧于青灯古佛之旁、皈依释家的尼姑而涉足商界。

也许正是这种独特的经历，才使她能从中国传统古典中寻找到契机。又是她那种"打破砂锅"、孜孜追求的精神才使她抓住了一次又一次创业机遇。

1991年9月，金娜娇在列车上，获得了一条不可多得的信息。

在和同车厢乘客的闲聊中，金娜娇无意得知清朝末年一位员外的夫人有一身衣裙，分别用白色和天蓝色真丝缝制，白色上衣绣了100条大小不同、形态各异的金龙，长裙上绣了100只色彩绚烂、展翅欲飞的凤凰，被称为"龙衣凤裙"。金娜娇听后欣喜若狂，一打听，得知员外夫人依然健在，那套龙衣凤裙仍珍藏在身边。虚心求教一番后，金娜娇得到了"员外夫人"的详细住址。

这个意外的消息对一般人而言，顶多不过是茶余饭后的谈资罢了，有谁会想到那件旧衣服还有多大的价值呢？知道那件"龙衣凤裙"的人肯定很多很多，但究竟为什么只有金娜娇才与之有缘呢？重要的在于她"懂行"，在于她对服装的潜心研究，在于她对服装新品种的渴求，在于她能够立刻付诸行动。

金娜娇得到这条信息后马上改变行程，马不停蹄地找到那位年近百岁的员外夫人。作为时装专家，当金娜娇看到那套色泽艳丽、精工绣制的龙衣凤裙时，也被惊呆了。她敏锐地感觉到这种款式的服装大有潜力可挖。

于是，金娜娇来了个"海底捞月"，毫不犹豫地以5万元的高价买下这套稀世罕见的衣裙。机会抓到了一半，开端比较运气、比较顺利。

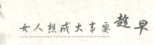
把机遇变为现实的关键在于开发出新式服装。回到厂里，她立即选取上等丝绸面料，聘请苏绣、湘绣工人，在那套龙衣凤裙的款式上融进现代时装的风韵。功夫不负有心人，历时一年，设计试制成当代的龙衣凤裙。

在广交会的时装展览会上，"龙衣凤裙"一炮打响，国内外客商潮水般涌来订货，订货额高达1亿元。

就这样，金娜娇从"海底"捞起一轮"月亮"，她成功了！从中国古典服装出发开发出现代型新式服装，最终把一个"道听途说"的消息变成一个广阔的市场。她的成功给我们很大的启发。

这也即是著名的成功学家拿破仑·希尔所说的"成功的神奇之钥"。

女人要培养敏锐的洞察力，就需要我们平日多加留心身边的各种事物。当然光有信息还是不够的，还要对信息进行具体的分析，这样才能得出正确的结论，做出正确的抉择。如果有了信息而不对它进行仔细地分析研究，那么信息始终只是一些粗略的表面现象，你也就永远无法触及实质。因此，在我们通过观察获得信息之后，要充分发挥自己的主观能动性，对表面的现象进行深刻、仔细的研究分析，把握实质性的东西。

当你选定了人生追求的目标之后，你要时刻保持头脑的清醒，因为只有这样你才会在这个信息时代，从众多的信息中分辨出哪些是有利于自己的信息，同时你还要使自己的眼睛始终像水一样清澈，因为这样当机遇来到你身边的时候，你才能看清它，并准确地抓住它，使你踏上成功之路。

有时，弯曲是为了挺拔

有一位大学教授，曾举例说明男、女学生处理问题时的不同态度。他说，有一次美国的学校举行考试，其中一道试题是：在时钟的两点到三点之间，时针和分针什么时候重叠？结果，许多女学生都用公式计算，在那里埋头列着繁琐的算式却费了好大劲，仍未得出结果；而许多男学生都拨表，一下子就得出了答案。

这位大学教授不无感慨地说："人家本来就没有限制你用什么方法去得出结论，你为什么不用最简单、最实际的方法去做，偏偏舍近求远呢？"

德国心理学家凯勒博士也有一项著名的实验，这项实验是将一只鸡关在铁笼内，笼子有个出口，在笼子外放一大堆米粒，如果这只鸡不从出口绕到外面去，是怎么也吃不到一粒米的。在实验报告中，凯勒博士得到一个结论：鸡只看到自己眼前的利益，而不晓得"绕道"而行的道理，这是因为动物的欲望满足是直接性的反应结果。

凯勒认为女性也是如此，对于外界的刺激都是直接去反应。换句话说，女性往往缺乏变换思维视角的能力，往往不晓得"绕道"而行的好处。有不少女性会对临到眼前的事情马上采取行动，但对明日有利的事情却没有耐心。虽然只相差 24 个小时，可她们却认为，明日的事情并不能满足自己的眼前欲望，即使这是一件有利的事情。

有的时候，想解决问题，就不能"在牛角上钻洞"，也要学会迂回和放弃，做到"有所不为"。这种，"有所不为"，也是衡量一个人目光是否远大的标准。成功人士追求事业发展的方式，往往是迂回曲折的，有时需要适当放弃眼前的、短期的利益，去获得更有效的解决方法和更好的发展空间。

在军事上有这么一句常用的话："迂回包抄"。说的是不正面进攻，而是从侧面进攻，以期达到目的。在人生的旅途中，为了实现目标，也许你必须干一些自己不想干的事，放弃一些自己深深迷恋的事，这样才能取得最后的胜利。

加拿大的魁北克有一条南北走向的山谷，山谷没有什么特别之处，唯一能引人注意的是它的西坡长满雪松、柘、柏和女贞等树木，而东坡却只有雪松。这一奇异景观是个谜，许多人不明所以，试图找出原因，却一直没有得到令人满意的结论。揭开这个谜的是一对夫妇。

那是 1983 年的冬天，这对夫妇的婚姻正濒于破裂的边缘。为了重新找回昔日的爱情，他们打算做一次浪漫之旅，如果能找回当年的爱就继续生活，如果不能就友好分手。当他们来到这个山谷的时候，正下着鹅毛大雪，他们支起帐篷，望着漫天飞舞的雪花，他们发现由于特殊的风向，东坡的雪总比西坡的来得大，来得密。不一会儿，雪松上就落了厚厚的一层雪。不过当雪积到一定的程度，雪松那富有弹性的枝丫就会向下弯曲，直到雪从枝上滑落下去。这样反复地积，反复地弯，反复地落，雪松依然完好无损。可其他的枝，如那些拓树，因为没有这个本领，树枝被压断了。西坡由于雪小，总有些树挺了起来，所以西坡除了雪松，还有柘、柏和女贞之类的树木。

于是妻子对丈夫说："东坡肯定也长过很多杂树，只是由于它们的枝条不会弯曲，所以它们才都被大雪摧毁了。"丈夫点头称是。少顷，两人像突然明白了什么似的，相互吻着拥抱在一起。

丈夫兴奋地说"我们揭开了一个谜——对于外界的压力要尽可能地去承受，在承受不了的时候，学会弯曲一下，像雪松样让一步，这样就不会被压垮。"

弯曲不是倒下和毁灭，它是人生的一门艺术。我们讲进退顺其自然，并不等于一切听天由命。如果退是为了以后的进，暂时放弃目标是为了最终实现目标，那么这退本身就是进了，这种退是一种进取的策略。

俗话讲，退一步海阔天空。暂时退却，养精蓄锐，等待时机，重新筹划，这时再进便会更快、更好、更有力。有时候，不刻意追求反而更容易得到，追求得太迫切、太执着反而只能白白增添烦恼。以柔克刚，以退为进，这种曲线的生存方式，有时比直线的方式更有成效。以退为进，由低到高，这既是自我表现的一种艺术，也是生存竞争的一种策略。跳高的时候，如果离跳高架很近，想一下子就跳过去并不容易，后返几步，再加大冲力，成功的希望可能更大，人生的进退之道就是这样。

有时，弯曲是为了挺拔。这是人生的一门艺术。我们讲进退顺其自然，并不等于一切听天由命。如果退是为了以后的进，暂时放弃目标是为了最终实现目标，那么这退本身就是进了，这种退是一种进取的策略。

日本的柔道大师教他们的学生：要像杨柳一样柔顺，不要像橡树那样挺拔。没有女人能有足够的情感和精力既抗拒不可避免的事实，又创造新的生活。你只能在这两个中间选择一种，你可以在那不可避免的暴风雨中弯下身子，也可以因抗拒它们而被摧折。

你是自己人生的主演

在生活中，我们每一个人都在演戏。只是剧种不同，情节也不同。人的一生看起来就像一部剧本，一部必须由自己来创作又必须由自己来演出的剧本。你将怎样去写作、去演出自己的人生之剧呢？你是否能根据自己的情况、用自己的想法来写好并演好自己呢？你是否能确立自己是这出戏中主角呢？这些都是需要经常扪心自问的。

自己的戏，不由自己来主演，那么，它还有什么意义呢？

英国前首相玛格丽特·撒切尔小时候，父亲总是告诉她要独立思考，不要被别人的观点所左右。她把父亲的这一点教诲付诸实践，因此获得了"铁娘子"的绰号。

其实，我们每一个人不止是一个演员，还可以是一个导演——自己导演自己。演员好当，导演难为。但做一个好导演，远比做一个好演员成功。自己给自己做导演，导演自己的人生。

在杨澜去长城饭店面试后的第二天，中央电视台招考《正大综艺》节目主持人。杨澜见长城饭店没有给她消息，便抱着试一试的态度去应聘中央电视台《正大综艺》节目主持人。

但是《正大综艺》的导演没有看中杨澜。导演对杨澜说："我们想找一个比较清纯的女大学生，当然，这还得有一定的标准，这个标准就是'老人看着像是自己的女儿，年轻人看着像自己的恋人，孩子看着像自己的姐姐'，然后让她跟一个比较成熟的男主持人搭配，很抱歉，而你不适合。"

杨澜一听这话，气就不打一处来，她说了一句特别冲的话："你们干嘛老爱找一些纯情的女大学生，你们为什么就不能找一个职业妇女？你们怎么老把女孩子就好像是做花瓶一样去给人家做陪衬，我个人认为现代人需要一个有头脑有自己思想的女主持人。"

　　杨澜这一番话给《正大综艺》的导演留下了深刻的印象。导演要求杨澜参加正式的面试。

　　面试的时候，导演问了杨澜很多问题，这些问题包括一些历史、地理知识，杨澜答得很好。杨澜认为导演所提的问题都是属于死记硬背的知识，杨澜正好在高中学习的时候背得非常的牢固，到这个时候还没有忘掉。

　　后来导演说，这个人不用我们教她地理了，她比我们还要厉害。

　　第一遍考完了，杨澜那个时候真是没有把它当成一回事，但是第二天导演突然打电话给她说："我们觉得你挺好的，你来参加第二次考试吧。"

　　这一考，杨澜就连续不断地考了七轮。这七轮考下来两三个月就过去了。考得杨澜都有点烦了。

　　导演笑着对杨澜说道："我们之所以老考你，就是大家都觉得你不漂亮，就想……"

　　杨澜马上就打断了导演的话，毫不客气地说道："你们的意思是不是等我下次考得不好，然后就把我换掉，对不对？"

　　导演笑了，点了点头直言不讳地说道："就目前来应试的人当中，觉得你不错，但是我们觉得你不够漂亮，所以我们决定登报再招一次。"

　　杨澜一听这话就更加生气了，但是她没有发作出来，忍住了。

　　杨澜气呼呼地回家看了好几天的镜子，心想：中央电视台的导演到底想找一个什么样的美女呢？

　　后来杨澜跟她母亲说："《正大综艺》的导演一定是看我的眼睛比较小吧？"

　　母亲对她说道："该是你的，就会是你的，不是你的，咱们也还有其他工作。"

　　在最后一轮考试当中，杨澜生气了，也正是这一生气帮了她的大忙，杨澜生气地对面试她的导演说道："我在这里说几句不好听的话，我个人认为这个节目的女主持人不一定非生有一副漂亮的脸蛋不可！我认为，她首先要跟这个节目息息相通，而且她能够准确地把她在这个节目中的由衷感受传递给观众，比如说我特别喜欢旅游，然后我就会说我去荒山的时候，当时看到什么风景，我有什么样的感触，我会及时地把它写下来，记下来，如何把它全说出来，这些都是要非常由衷非常直接地跟观众交流，我相信观众需要的是这样的真情实感的东西，而不是一个漂亮的女孩子在那里背书！我就说这么多，谢谢。"

杨澜刚一说完就得到了导演们的热烈掌声，最终，杨澜得到了这份在《正大综艺》做主持人的工作，也由此开始了自己的辉煌人生！

哪怕我们的地位很低，哪怕我们只是一个微不足道的配角，但是，我们也同样可以"随处为主"，挺起胸膛，昂首阔步地走向人生的大舞台。

任何时候都唯唯诺诺，缺乏主见的女人是很难成就大事的。只有在关键时刻，关键场合敢于发出自己的声音，表达自己的见解的女人才能成大事。敢于喊出自己的想法，有时正是你这一喊就给自己喊来了成功的机遇。

只要把生活掌握在自己的手中，我们就会感受到生活的乐趣。我们会感到自己就是"命运"的缔造者。

到有机会的地方去

有只狐狸在闲逛时，眼前忽然出现一个果实累累的葡萄园，看起来葡萄很可口，狐狸就想进去，可是葡萄园的四周围着铁栏杆，狐狸太胖了，根本进不去，于是狐狸决定减肥，在园外饿了三天三夜后，狐狸终于能进去吃葡萄了，也心满意足了。但当它想溜出园外时，却发现自己吃得太胖了，出不去。于是，狐狸只好又在园内饿了三天三夜后，瘦到跟原先一样时，顺利出了园外。重新回到外面的狐狸不禁感叹：空着肚子进去，又空着肚子出来，真是白忙一场呀！

自古以来，不知有多少人因为一生干着不合适的工作而遭遇失败。在这些失败者中，有不少人做事很认真，似乎应该能够成功，但实际上却一败涂地，这是为什么呢？原因在于，他们没有勇气放弃耕种已久但仍荒芜贫瘠的土地，没有勇气再去找肥沃多产的田野，所以，只好眼看着自己白白花费了大量的精力，消耗了宝贵的光阴，但仍然一事无成。其实，她们早该知道，这完全是由于她们没有找到适合自己的工作，仍然继续过着浑浑噩噩的日子。

如果我们以相当大的精力长期从事一种职业，但仍旧看不到一点进步、一点成功的希望，那么就应该自我反思一下：结合自己的兴趣、目标、能力，看看自己是否走错了路？如果走错了路，就应该及早掉头，去寻找适合自己、更有希望的职业。

不要怕换工作。当觉得现今任职的机构再无发展机会时，请尽快离开，多留一天，就浪费一天的生命。

如果碰到这样的公司，公司内部分配职务全凭裙带关系，公司的重要职位全落在老板的亲戚好友手上，其他人只能做些次要的职位。这类"家庭式"的公司，最易滋生特权。除非你甘于阿谀奉承，否则，越早离开越好。

如果又碰到这样的公司，公司作风保守，创业老板紧抓权力不放，下属只能唯唯诺诺，做个应声虫。这类公司常常落在市场需要的后面，应变能力低，管理不善，工作效率差。任有多大本领，也没机会施展。碰到这样的公司，还是尽早离开的好，免得浪费自己的时间。

但如果所从事的事业一直没有成功的希望，那就不必再浪费时间了，不要再无谓地消耗自己的力量，而应该去寻找另一片沃土。

当然，在你重新确定目标、改变航向之前，一定要经过慎重的考虑，尤其不可三心二意，不可以既想抱着这个又想要那个。徐静蕾的经历就充分说明了这个观点。

她从20岁的花季中走来，颤颤巍巍地从《一场风花雪月的故事》中脱颖而出。以最本色的演出让人们在那个冬季记住了一张清纯的脸，一个叫徐静蕾的名字。她飞快地成为电视界抢手的偶像明星。这时的她，刚25岁，已经与章子怡、赵薇和周迅一起被中国媒体封为"四小花旦"，成为中国最被看好的年轻女演员之一。但是，在这个"群魔乱舞"的演艺界里摸爬滚打了好几年，累了，倦了，才发现这不是她想要的春天。

于是她开始大胆地从演员转行到导演，以至于一段时间以来，她出演的影视作品远没有她执导的电影引人关注。2003年，她导演了处女作《我和爸爸》，那对命运与情感冷静的不动声色的表达，倔强，落寞，是近几年少见的毫不矫情却直抵人心的温情之作。她也凭此片获华表奖最佳新人奖，百花奖最佳女主角奖、金鸡奖最佳导演处女作奖。2004 年，她执导的第二部作品《来信》尚未在国内上映的时候，就已在国际上声名远播了。圣塞巴斯蒂安电影节颁给她的最佳导演奖，让她从中国无数年轻导演中脱颖而出。如果说处女作《我和爸爸》还不能说明徐静蕾从演员到导演的转型有多么成功，那么从第二部作品以后，三十而立的徐静蕾，用一个华丽转身与稚嫩娇柔的玉女形象坚定地挥手告别。如今，我们已经无法再单纯用表演的评价来看此时的她，她以导演的身份日渐成就自己才女的称号。

现代中国社会的现状是存在巨大的年轻人迁徙潮。农业人口过剩，农村在向中小城镇化发展；而大量的中小城市或者农村的年轻人到大城市的大学念书之后，都会选择留在大城市工作。北京、上海、深圳等几个特大城市集中了大量最优秀的人才，竞争也非常激烈。每年不断地还有新的大学毕业生涌入。哪怕做"北漂"，再苦再累很多人也愿意留在北京不走，因为这里机会多，感觉前途有希望。

哪里有机会，哪里就挤满了人。

机会好比一块巨大的磁石，任何人如想事业成功，最好把自己当作一块铁，任由机会吸了过去。

到机会多的地方去，才容易出人头地。因此，要注意机会多的讯号，认清讯号，立刻前往。

智慧的价值就在于它本身就是财富

智慧的价值就在于它本身就是财富，而且现在的财富主要是智慧创造的，智慧的价值是巨大的。智慧是一种尺度，是时代必需的尺度。

智慧是经过积累以往的知识和经验丰富起来的，也是通过教育和信息交流系统的发展而普及的。智慧又是经过人的直觉和思维创造出来的。目前，由于电子计算机和通信系统的飞速发展，迅速增加了储存、加工并交流智慧的工具和手段。尤其是近10年来微型电子计算机和办公用电子计算机以及联接它们的通信手段的普及与发展，给我们的工作和生活带来了丰富的智慧。就是说，今后的时代是智慧和知识丰富的时代。因此，在今后的社会里，在生活和工作中多用智慧和知识才是受人尊敬的，而且只有包含智慧和知识的商品才会畅销。未来的社会是"知识与智慧的价值大大提高的社会"即"知识价值社会"，其原因就在于此。

世界十分美丽，如果没有女人，将失掉七分色彩；女人十分美丽，如果远离知识，将失掉七分内涵。而书作为智慧的载体，是滋润女人灵魂的精神食粮，是女人保持永久魅力的法宝。

英国著名女作家夏洛蒂·勃朗特，一生痴迷于读书，把读书当作一种乐趣，一种享受。从书本上源源不断地流向她脑海里的新知识，使她看上去永远是那么朝气蓬勃、热情奔放。据记载，她总是在不停地看书，连吃饭时饭桌上也摊着一本书，她常会忘了喝茶吃烤面包，却不会忘记读书。她会让面前的烤羊腿、马铃薯冷掉，可对书本的热情却丝毫不会冷却。她外出散步时也总是手不释卷，要是独自出门，她便自言自语地吟诵；要是与友人同行，她就大声朗读，读到动情处，同行的朋友无不动容。她的一生虽然没有惊天动地，却放射出了最炫目的光芒，《简·爱》的出世轰动了整个英国文坛，到现在让全世界人为之感叹，堪称是文学史上的不朽之作。

书的作用是任何物体都不能取代的，在人生的道路上，由于偶然的机遇或出于必然的选择，人们踏上了不同的人生旅程。一些成功的女人因为在关键时刻迷上一本书，以至于因为这本书而改变了自己的整个人生。

法国籍波兰科学家居里夫人没有西施之容，但她研究放射性现象，发现镭和钋两种放射性元素，一生两度荣获诺贝尔奖；中国历史上的女词人李清照，并没有貂蝉的笑靥，但她有流传千古的《如梦令》；中国历史上的蔡文姬没有王昭君的容颜，但她的《胡笳十八拍》家喻户晓；中国名著《三国演义》中的诸葛夫人没有回眸一笑百媚生的姿色，但她的贤淑为世人称颂；这些相貌平平的女性，靠着才情同样名垂青史。

"魔法妈妈"罗琳，用她的"魔法"笔，向世人描绘出一个虚幻的世界，在这个世界里，世态炎凉，缺乏亲情，大人们显得那么薄情冷漠，倒是一个纯洁的失去父母爱的孩子，以他的勇敢、善良和智慧，与邪恶作斗争，最终把无情的世界变成美丽世界。罗琳用她奇特的想象力，把故事编得离奇、惊险。这就是惊人火爆，席卷欧美和世界其他各国的《哈里·波特》，它不但迷倒了小孩，还迷住了成人。销售量已经突破亿万册，创造了出版史上的神话。女作家罗琳也因此而成为目前世界上最负盛名的儿童文学家。

当人们捧着《哈里·波特》津津有味地阅读时，有谁会想到，这本震撼着社会各界，吸引着成千上万儿童和成年人的书，竟是出自一位单亲妈妈之手。

1994 年，罗琳与丈夫离婚后，她带着刚出生的女儿回到了自己的故乡爱丁堡。那时，她一边照料着孩子，一边四处找工作。可是，理想的工作并没有想象中那么好找，所以，有好长一段时间，这位单亲妈妈都没有工作，身无分文的母女俩只能住在没有暖气的平房里，靠失业救济金过日子。即便是在这种处境下，罗琳仍然以快乐的心态编织着她的魔幻故事，开始《哈里·波特》的创作。

对于一个带着刚出生的孩子的母亲来说，写作并不是一帆风顺的。因为女儿很小，睡眠时间短，爱女儿的罗琳常常趁女儿睡觉时写，这意味着她不得不在晚上甚至于在女儿每天打瞌睡的间隙抓紧时间写东西。

那时，她常常把女儿放在婴儿车里，推着她在爱丁堡到处乱走，一等她睡着了，她就立即走进咖啡馆，抓过一张餐巾纸，把脑中的故事写在餐巾纸上。有时，她就坐在路边，守着婴儿车写作，写到投入时，除了女儿的哭声能把她惊醒外，她是不会被尘世中任何动静所干扰。

是什么让这位单亲妈妈置尘世的噪音于不顾呢？是她身上饱满的智慧，有了智慧作动力，女人的力量将会变大，理想路上的任何阻力都不在话下。当罗琳从一个贫困潦倒的单亲妈妈，一跃而成为今天的日进万金，一年能赚 3100 万美金的女富豪时，那是她的智慧帮她改变了贫穷的命运，这就是女人智慧的魅力。

古往今来，无数杰出女性的成功都告诉我们：智慧是收获幸福的唯一捷径。而智慧，是走向成功的必备条件。智慧的寿命没有止境，

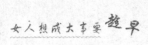

随着流逝的时光，它不但不会变老，反而会变得越来越年轻，富有朝气。这就是它的魅力所在。

美国前总统罗斯福的夫人曾说："我们必须让我们的年轻人养成读书的好习惯，这种习惯是一种宝物，这种宝物值得双手捧着，看着它，别把它丢掉。"但是在这个浮躁的年代，在电视、电脑各种更视觉化休闲方式的冲击下，家务活缠身的女人，要选择白纸黑字心平气和读下去何其不易，而要养成习惯就更难了。

女性想要拥有智慧这个法宝，就不妨试试每天阅读15分钟，这意味着一周将读半本书，一个月读两本书，一年大约读20本书，如此下去，一生就能读很多书。日积月累，只要每天抽出一点时间，比如15分钟，单是每天坐公交车的时间就足够了。

做工作中的强者。

女人想成大事要趁早

工作一定要做到位

目前，女性在事业上要取得和男性同样的成绩，至少要付出三倍的努力。比如说要升迁一个人，老板肯定会考虑，女性以后要怀孕、带孩子，是不是会对工作有影响？这个时候，如果有一个具有同等能力的男性竞争这个职位，他获胜的机会更大。只有女性比他更优秀，才有机会去竞争。

最近许多公司都要求员工——"把自己的工作做到位"。而我们也确定应该使自己工作到位，从而获得自我认同感和工作的成就感。

工作到位包含着如下的含义：

第一是本职工作的到位。这其中所包含的内容是对于职业的充分理解，并站在一个高度去理解本职工作对于公司全局的意义，以及如何学会从上司的角度来看待自己的工作，这是我们做好本职工作的第一步。其次是给予本职工作一个十分具体化的目标定义，这个目标中应包含定性和定量（效率或者产能）的元素，最终找到把工作做到位的脉络和具体的方法。

工作到位的第二个含义是要做到上下左右沟通到位。作为一个聪明的女人，应该要理解到自己的工作是公司系统工程的一部分，为此保持对于系统的良好沟通与开放性是任何一个环节必须要达成的。

而工作到位的第三个含义则是指有计划地做事。任何一个人，只有按照计划做事的时候，才是成竹在胸的，才是可以控制事情的。事实上当我们有计划地做事的时候，通常我们也是轻松的。鉴别一个人的能力和前途的一个十分重要的标志是看他（她）是被事情驱动的，还是他（她）在驱动事情。

最后，工作到位的第四个含义则是不断进化，是否能够在工作过程中不断改善，并将这种改善落实到实处。这是任何一个优秀人才的基本特征。每个人的工作都有改善的余地，只有能发现不足并不断改

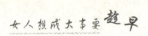

善的员工才是真正优秀的员工。

工作实绩是衡量一个人素质高低的砝码。突出的工作成绩最有说服力，最能让人信赖和敬佩。

养成主动工作的习惯。要勇于实践，你的成功也就是因为多走了些路，找到了别人未找到的另外一点东西。

现任北京外交学院副院长的任小萍，在她大学毕业那年，她被分到英国大使馆做接线员。

在很多人眼里，接线员是一个很没出息的工作，然而任小萍在这个普通的工作岗位上做出了不平凡的业绩。她把使馆所有人的名字、电话、工作范围甚至连他们家属的名字都背得滚瓜烂熟。当有些打电话的人不知道该找谁时，她就会多问，尽量帮他（她）准确地找到要找的人。慢慢地，使馆人员有事外出时并不告诉他们的翻译，只是给她打电话，告诉她谁会来电话，请转告什么，等等。不久，有很多公事、私事也开始委托她通知，使她成了全面负责的留言点、大秘书。

有一天，大使竟然跑到电话间，笑眯眯地表扬她，这可是一件破天荒的事。结果没多久，她就因工作出色而被破格调去给英国某大报记者处做翻译。

该报的首席记者是个名气很大的老太太，得过战地勋章，授过勋爵，本事大，脾气更大，甚至把前任翻译给赶跑了，刚开始时她也不接受任小萍，看不上她的资历，后来才勉强同意一试。结果一年后，老太太逢人就说："我的翻译比你的好上10倍。"不久，工作出色的任小萍又被破格调到美国驻华联络处，她干得同样出色，不久即获外交部嘉奖。

回顾当年，任小萍感慨地说，在她的职业生涯中，每一步都是组织上安排的，自己并没有什么自主权。但在每一个岗位上，她都有自己的选择，那就是要比别人做得更好。

每个人都想成功，都想得到领导的赏识、同事的尊重，这其中没有捷径可走，只有行动起来，积极承担责任，做出突出业绩。

当你每天下班时，是否该回顾一下：我今天是否把工作做到位了？我是否帮助了我的公司成长进步？我工作的结果，会对公司、同事、客户，还有社会大众产生什么影响？

有了这样的责任感，我们平凡的日常工作就变得更有意义了。

化茧成蝶，成为办公室的明星

为什么同为资历差不多的白领人士，有的人会被委以重任，获得大幅度提薪，并迅速得到提升？而有的人尽管长年累月忙忙碌碌，其薪金与职务却总在原地踏步呢？事实上，前者既不是天生就比后者聪明或更有领导才能，也不是她们比别的人更能说会道。不仅如此，从工作方面来讲，她们中的大部分人也不见得比坐在隔壁卡座的人更卖命。

美国卡内基·梅隆大学企业管理研究生院教授，管理顾问罗伯特·F·凯利认为，这些人之所以能脱颖而出成为办公室中的明星，关键就在于他们对待工作更精明更灵活，以下便是这位专家对他的发现所作的解释：

——办公室明星是怎么样的人？

所谓"办公室明星"是这样的一小批人，他们在任何条件下都能把工作做得更好，使别的人相形见绌。他们对公司利润的贡献要比别的人多得多，因此经常被称之为"十换一"，意思是说他们中的一个抵得上十个普通职员。在多数的公司或集团中，明星的比例大致占15%～20%。

——造就明星的因素是什么？

明星并不是天生就比别的人高明。我们曾对数百位明星和表现平庸的职员进行测验，内容涉及智商、个性、工作态度和社会技巧。我们原本以为从中肯定会发现一些差异，然而结果却表明两者在这些方面没什么差别。因此，我们开始对这些人进行跟踪调查，观察他们工作的情况，从而得出了最有价值的发现。

归根结底是他（她）对待与处理其工作的策略。其中一条重要的策略是主动性：发现那些尚未分配下去的工作，比如给公司的计算机软件升级；这些工作非常重要但又没有明确由谁负责。有明星潜质的

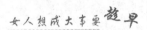

人此时就会大胆地说："让我来做。"而平庸的职员往往只主动干些跟工作不大相干的事，例如自告奋勇地组织公司的野餐活动。

另一条明星策略是广泛联络，就是说要明确自己在工作中所需的知识，跟行家里手建立起可靠的联系，互通有无，明星们大多能够选准对象，很快得到正确的解答，平庸的职员寻求信息时则常常找错对象，这样他们不仅耽误了较长的时间，走了弯路，而且最终可能劳而无功。

——还有什么其他策略吗？

一是加强自我管理，认真琢磨哪些是真正重要的工作，不是机械地按开列的单子逐项去做，而应该考虑一下如何列单子，什么工作是最迫切需要做的，不仅仅是管理好自己所承担的项目，还要管理好你工作时的所有生活细节。办公室明星每时每刻都在思考：我怎么才能使自己活得更有价值？哪些经历和技能是我真正需要的？他们深知这是自己的责任，而不是公司的责任。

再就是眼光要放远点。真正的白领明星会认识到，他们必须了解各方面的观点和意见，并不时问问自己："我的上司对此怎么看？客户们对此怎么看？竞争者对此怎么看？"而表现平庸的职员往往目光短浅，故步自封。

——在目前更换工作频繁的情况下，为什么还要努力去当办公室明星呢？

首先，因为这样能让你在心理上感到满足，知道自己在某一方面挺不赖；其次，因为这样可以增加你对雇主和职业的选择。倘若你是一位办公室明星，那么你不但在本公司不大可能被解雇，而且其他公司聘请你的可能性也随之增大了。由此可见，成为办公室明星可起到一箭双雕的作用，增加你的职业安全感。

——任何人都能成为明星吗？

从理论上讲是如此，在贝尔实验室，我们曾将明星使用的策略教给300名雇员。结果到次年，他们的工作效率平均翻了一番，其中不少人的业绩相当突出。因而，我们说明星不是天生的，而是后天培养成的！

古语说得好："欲穷千里目，更上一层楼。"只要你多爬上一层楼，就可以看到你原来看不到的东西。当你升上科长的时候，你就会看到以前做小职员时看不到的东西。当你升上处长的时候，你就会看到以前做科长时看不到的东西。女人应该胸怀大志，不要拘泥于普通职员的框框。如果你也有"我要是部长，我就会这么做"的抱负来环顾四周，你的见解自然就会不一样。

责任，由我来承担

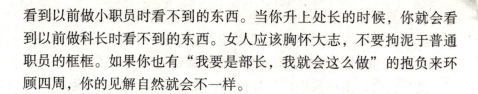

我朋友的小女儿莉莉刚学会走路的时候，一天，她把一张小椅子搬到厨房里，并爬到上面，试图去够冰箱里的东西。见此情景，朋友急忙冲过去，以防她不小心摔下来。但最终还是慢了一步，她结结实实地从椅子上摔了下来。当朋友把她扶起，察看她摔伤了没有时，她却气呼呼地朝那张椅子狠狠地踢了一脚，一边还十分生气地骂着："都是你这坏椅子，害得我摔倒！"

如果你稍微留心一下，你一定会从小孩子那里听到或见到许多类似的转嫁责任的借口。小孩子们往往会率性而为，明明是自己的过错，却要迁怒于没有生命的东西或是无辜的旁观者。对他们来说，这或许是很自然正常的行为。

但是，如果这种孩子气的行为反应模式一直持续到成年，那就有点麻烦了。自人类出现以来，就一直存在着一种把自己的失败和过失推诿于别人身上的不良倾向。就连偷吃了禁果的亚当，在上帝责问他时，也拿夏娃当自己的挡箭牌："都是这个女人引诱我，我才吃了。"

要知道：一个人迈向成熟的第一步，便是要勇于承担起自己应负的责任来！

工作中的你我，无论是谁，要想拥有成熟、健全的生活态度，就必须正视自己生命中那些应负的责任，绝对不能在受挫和犯错的时候，像一个小孩子似地去找一个替罪羊来推卸责任。

那么，到底为什么工作中还有那么多人喜欢把过失推诿于别人呢？其实，仔细一想，也并不奇怪，毕竟责怪别人比自己担负起责任来肯定要轻松、容易，也好做得多啦！检视一下自己的生活，你会发现，如果我们需要借口的话，责怪父母、老师、环境、老总、上司、丈夫、妻子、儿女的确非常容易，有必要的话，我们还可以责怪祖先、政府以及整个社会，实在找不出借口的话，我们还可以责怪命运之神的不公。

错误在成功路上是不可避免的，当它们降临之后，我们要做的不是去逃避、推诿责任，而应去主动承担责任，更重要的是应努力追根溯源，找出错误的缘由：工作能力不足？准备不充分？客观条件不成熟？等等，把类似的这些问题都搞清楚了，在今后的工作中就能对症下药，避免重蹈覆辙。所谓"吃一堑，长一智"就是这个道理。

我们来看一个例子——

在现场直播过程中，主持人遇到的最大困难是很多事情无法预料的。因此，就会出现各种束手无策的情况，那种尴尬、无奈真是令主持人难堪。

有一年倪萍专门为几对金婚的老年朋友举办一期"综艺大观"，他们都是我国各行各业卓有成就的科学家。其中有一位是我国第一代气象专家，曾多次受到毛主席、周总理的亲切接见。

在直播现场，当倪萍把话筒递到这位老科学家面前时，她顺势就接了过去。对于直播中的主持人来说，如果把话筒交给采访对象，就意味着失职，因为你手中没有了话筒，现场的局面你就无法掌握了。更严重的是，对方如果说了不应该说的话，你就更被动！但那时众目睽睽，倪萍根本无法把话筒再要回来。

"我首先感谢今天能来到你们中央气象台！"这位老专家第一句话就说错了。全场观众大笑。倪萍伸出手去，想把话筒接回来，但老专家躲开了。后来倪萍又两次伸出手去，但老专家还是没将话筒还给她。舞台上出现了倪萍和老专家来回夺话筒的情况。台下的导演急得直打手势，倪萍更是浑身出汗。

直播结束后，不少观众来信批评倪萍："不应该和老科学家抢话筒，要懂得尊重别人……"作为节目主持人。面对上亿观众，她绝对不应该抢话筒，更不应该随便打断别人的讲话，更何况是年轻人对长者。但观众们又何尝知道，直播节目的时间一分一秒都是事先周密安排的。如果这位长者占了太长的时间，后面的节目就没法连接了。

问题发生后，倪萍没有刻意去推脱责任，反而主动承担了这次失误的责任。接着，她仔细回忆了当时的情景，试图从中找到失败的原因。人不怕犯错误，就怕接连犯相同的错误。她经过反复的思考和总结，得出了这样的体会：如果自己在直播前和这位长者多交流交流，了解她的个性，掌握她的说话方式，那天就不会出现这类尴尬的场面。

社会文明程度越来越高，人们对生活质量的要求也就越来越高，观众对主持人的要求和批评也随之增多，倪萍对此都能一一正确地对待。她知道，只有接受批评、承担责任，然后再丰富自己、勇于突破，她的艺术生命才会越来越长。相反，害怕批评，裹足不前，那么作为主持人，在失去观众的同时，最终也失去了自己。通过这次对"抢话筒事件"的总结，倪萍逐渐养成一种习惯，无论是谁做嘉宾，只要在她的节目中出现，她都会提前到他们的住处进行采访，了解一些资料，体验对方那一份感情。在以后的主持生涯中，类似的情况再也没有发生。

我们再来看一个例子：

进入中央电视台当节目主持人后，杨澜这个专业电视人面对的不仅仅是电视镜头，她还要面对观众的检验。

跟杨澜共同主持《正大综艺》的是演艺界著名的相声演员姜昆。杨澜跟他合作得很愉快，有说有笑的。

第一次面对电视镜头当节目主持人时，杨澜刚开始十分兴奋，觉得站在镜头前是挺好玩的一件事。但是做电视当节目主持人可不是一件闹着玩的事情。杨澜刚当了一个月的节目主持人，就收到了很多观众寄来的批评信。

批评信里批评杨澜面对镜头的姿势有点傻呼呼的，手势也不对，其中批评最多的是杨澜主持节目的时候一点儿不放松，站在那儿两腿直打哆嗦，看得观众都替她捏了好几把汗。

杨澜看到桌上那么多观众朋友寄来的批评信，她的心里很不好受，观众的批评让她无地自容，她有点后悔自己不该进入中央电视台当节目主持人。

就在这个时候，大学时代培养出的强大自信心帮助了她，经过自我调整，不断地磨炼，杨澜终于找回了自我，走出了不相信自己的阴影。渐渐地她有了自己独特的主持风格，另辟蹊径，令全国的观众耳目一新。两个月后，杨澜这个名字就深深地烙在了全国两亿多观众脑海里。观众被杨澜身上掩饰不住的书卷气以及举手投足间的灵慧深深地吸引住了。杨澜与众不同的主持风格在于她有着广博的知识、迅速的反应、适当的幽默和灵活的组织等。

通过这两个例子，我们知道，在现实生活中，人不可能永不犯错误、不遇到各种失败，如果真的错了，就坦然地承认并加以改正，把失败当作磨炼意志、增长才干的好机会。只有大胆地接受现实，才可能坦诚地分析、探究错误和失败的根源，重新赢得获取成功的机会。

展示自己，脱颖而出

社会组织不会主动去鉴别一个人是不是人才，那么我们要把握时机，主动去推销自己。推销自己既是你对自己的"市场营销"活动，也是先于别人得到各种实惠的方法。

在职场中，让步并不是一种美德。把去国外研修的机会让给同事，说自己下次再去，谁又能保证下次还能有这样的机会呢。机会来的时候最先抓住机会的人就是胜者，所以女性一定要抛开这种"让步是美德"的想法。如果是男性做出让步，可以被人认为度量很大、目标长远，但如果女性做出让步，就会被人认为没有野心、很平凡，因为女性总给人软弱的印象。

如果公司给了你绝好的去海外研修的机会，而且其他人都非常想去，这时你的上司有可能会把你叫过去说："我信任的人只有你，如果这次你让步的话，下次我一定派你去。"听到这样的话你一定要小心，因为这样的话其实就是陷阱。如果你为了组织的和平而做出了让步，将本来应该属于你的机会让其他人拿走了，这时，你的上司可以安稳地领导整个组织或升职调去其他部门，那你能剩下什么、得到什么呢？

当然，也有那种很公正严明的上司，严格地检查部下平时的工作

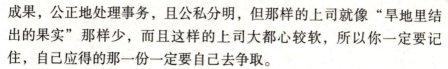

成果，公正地处理事务，且公私分明，但那样的上司就像"旱地里结出的果实"那样少，而且这样的上司大都心较软，所以你一定要记住，自己应得的那一份一定要自己去争取。

拥有完美的内在固然重要，但如果不懂得如何对所拥有的内在加以包装，加以展示，那么，"酒香也怕巷子深"。这个道理很多人都懂，现在的社会上，懂得展示自己的人已经越来越多了。同样是展示自己，如何展示，展示什么，这又各有各的不同。

会展示自己的人可分为以下几种：

第一种会展示自己的人懂得保持本色不做作。内在的气质是最宝贵的。一个真正懂得与他人相处的人，绝不会因场合或对象的变化而放弃自己的内在特质，盲目地迎合、随从别人。这些人懂得：如果你展示的方法不得宜，被别人误以为做作，那就适得其反了。她们一定拥有美好的内在，具有独特的个性，对自己的真我很有信心，并且崇尚诚实、坦白，希望以直接的方式和别人进行交流。是聪明、直爽的人。

第二种巧妙地展示自己的人，总会诚实地接人待物，明白一个原则即不要不懂装懂。她们知道不懂装懂的人是令人厌烦的，特别是在上司、知识渊博的人面前，如果班门弄斧，自不量力，总会贻笑大方的。她们深深地了解自己，对自己不懂的东西或学问，哪怕是在同事面前，也会不耻下问。因为，她们能够认识到，谦虚好学，看清自我，是做人的重要方面。

第三种熟练展示自我的人，不会掩饰自己的缺陷。她们懂得真诚是一剂良方，是沟通的基本条件。她们的真诚首先就体现在外在形象上，对她们而言，适当的掩饰是可行的，但过分的掩饰可能适得其反。皮肤黑黑的女士，如果涂上一层厚厚的白粉掩饰，容易让人产生粗俗不堪的印象。自信是她们的宝贵品质，因为对她们而言，外貌并不是最重要的，能力才是她们傲人的资本。

所以，女性要恰当的展示自己，这种展示不仅包括工作能力、应变能力等内在美，还包括对自己的形象、服饰、举手投足间的外在美。

如何给人精明强干的感觉

　　以前女性们无法操作机器，无法干力气活，男性们出于一种保护弱者的本能会去帮助女性们的。但是在现代这样的社会，你如果还是做不了那样的事，就会被认为是无能者。现在还不能操作电脑，连个荧光灯也不会换，对自己的车也一无所知，这些都不是什么值得自豪的事。

　　要想成为办公室里的明星，就要给人一种精明强干的感觉。那么，我们应该怎样做呢？下面给女性朋友一些小建议。

　　——开始讲话之前，将要讲的内容拟定好几个要点，可以给别人留下头脑清晰灵敏的印象。

　　——凡事不忘归纳成三个要点，可以显示你具有思路迅速敏捷的归纳能力。

　　——尽量把一件事情在三分钟内叙述完毕，这是精明干练的女性的讲话秘诀。

　　——为了使自己的话更具说服力，借用古语或名言来阐明寓意是个好办法。

　　——使用极其简练精确的数字，可以让对方觉得你思维缜密。

　　——探讨自己专业范围里的话题，尽量使用通俗易懂的日常用语比较会使对方对你产生好感。

　　——对于一些畅销书籍可以不必详看，但必须表示出予以关注的态度，可以给对方留下你紧跟时代潮流的印象。

　　——与同事共餐点菜时，如果犹豫、迟疑不决的话，很容易被认为是没有决断力的人。

　　——在约定下次见面时，先看看记事簿后再决定时间，可以表现出你忙而有序的工作作风。

　　——把写满约会事项的记事簿毫不在意地让对方看到，可以显示你的细心周到。

——为了让人看出自己是个从容不迫的"人物"，尽量放慢动作可以达到稳重的效果。

——不能过多地点头。当女性点头时，她们表示"我明白了"，而男士往往把点头理解为同意他们的观点。过多地点头会被看成是软弱的表现。

——减少口头禅。有些人把交流工作变成陈述并要求得到证实："这是个好主意，你不认为是这样吗？""我们有最好的工作团体，对吗？"类似于这样的口头禅会减少权威性和可信性，所以应该避免。

——注意语言的修饰。有些词像"只是、但愿、猜想"会使表达者及所表达的信息受到轻视。"这只是个想法"、"我只是个初学者"、"但愿我干得不错"、"我想我有个问题"这些语句都表明表达者缺少自信心，而且告诉男士听者所表达的信息无关紧要。同样，频繁的道歉也是不恰当的。应该用强有力的语言代替那些软弱无能的词汇。

——不允许打断。男士会突然插进来说自己想说的事。他们比女性更喜欢打断别人。而女性则往往会容忍自己的话被打断，以致对自己的主见失去信心。所以你应该说"我还没有说完"或"请先保留你的问题"，或者继续发言直到表达完了自己的意见为止。

——等待他人的邀请。在工作中，不能大胆说话的人往往被认为是没有知识的，所以你要积极投入每一次会议的发言中。有些女性等着他人邀请她们发言或根本不知道如何发言。所以在适当的时候打断他人来阐明自己的观点是很重要的，你必须学会让别人来听你的意见。

——说话不能太软弱。说话软弱无力往往表示自己缺乏安全感或自信心。从喉部的膈膜发声可以使自己的声音被与会的每一个人听到。因为如果他们不得不费尽全力才能听到你的声音，他们往往听不进你在说什么。而且发言人一旦以一种软弱的声音来阐述自己的观点，往往会失去说服力。

——允许他人夸耀自己的意见。女性常常抱怨男士喜欢夸耀自己的意见。当发生这种情况时，女性应该勇敢地指出自己的贡献，"对不起，关于这点我刚刚已经说过了！"或"这与我刚刚所提及的有什么差别吗？"而不要当别人打断了你的意见时还无动于衷。

——与别人谈话时，让对方背着光线面向自己，一方面可表示对他人的尊重（光线不会太刺眼），另一方面可以使对方对自己的表情看得更清楚，有助于与对方的沟通。

——在会议的最后做好总结性的发言，可以给大家留下具有善于抓住重点、把握全局能力的印象。

——为了使下属看出自己能力不凡，在宴会等场合上应尽量与要人相邻而坐。

——坐着的时候，保持挺直端正的姿势，可以显示你是个"意志坚定者"。

——做报告的时候，你要充分利用你能够占据的空间，缓缓地从一边踱到另一边，并前后移动。即使你站的地方有一个很大的讲台，也应该从讲台背后走出来，占据75%的可用空间。

——参加会议的时候，应该挑选一个能让你左右移动的座位。不要坐那种不得不把胳膊紧贴着身体的位置。把胳膊放在桌上，略微前倾，这就传递出你在留心听别人讲话的信息。

寻找机会，常在重要场合露面

有一些女性的工作能力是相当不错的，但却一直给人一种没有能力的感觉。这样的女人往往显得缺乏自信，事事问别人，使同事和上司瞧不起。实际上，在现代职场中，想成功的女人要学会出"风头"。

要学会推销自己，就像婴儿以哭声引起妈妈的注意。把自己推销出去，让别人有机会、多侧面、多层次地了解自己。

老板赏识那些有自己头脑和主见的职员。如果你经常只是别人说什么你也说什么的话，那么你在办公室里就很容易被忽视了，你在办公室里的地位也不会很高了。有自己的头脑，不管你在公司的职位如何，你都应该发出自己的声音，应该敢于说出自己的想法。

对空间的占有也是表明我们的自信与资格的一种方式。你占据的空间越大，就越显得自信。下一次坐飞机的时候，你看一看男女坐姿的差异。你会发现，男性坐下后，舒展肢体，占了座椅两边的扶手；而女性则将胳膊紧紧贴在身体两侧，试图尽量少占一点空间。观察这种差异的另一个地方是电梯。大多数人——不管男性还是女性——在进入电梯的时候，都有意识地给别人留出位置。但是，当电梯拥挤时，你更有可能看见女性缩在一个角落里，生怕占据了太多空间。

当一位女性踏入房间做报告时，常常也会出现同样的现象。她倾向于站在一个地方，只在她占据的地方稍微移动。如果你占据的空间太少而且手势也不多，那大多数人会认为你矜持、谨慎、不愿意冒险、羞怯，或者被吓得无话可说。

坐在会议桌旁与坐在餐桌旁是两码事。小时候学过不要把胳膊放在桌上的规则，现在你不必遵守了。观察男性开会时是怎样做的。当自信的男性说话时，他总是把胳膊放到桌上，身体微微前倾。当男性听别人说话并且感兴趣时，你可以想象他们坐着的模样：胳膊肘撑着桌子，下巴放在交叉相握的手上。

而我们是怎么做的呢？我们往往是照着小时候大人教我们的规则做——腼腆地坐着，双手叠放置于腿上，或者把手放到桌下——男女坐姿反差很大。这种坐姿首先就不舒服，至于说到怎样坐才能受到重视，所有的调查都指出，要"把手放到桌上"。

扩大自己的工作舞台。有空时到自己不熟悉的部门看看，了解其他部门的工作性质。多接触其他部门的同事，扩大自己的人际关系。

寻找机会，参加一些重要的活动，多出席一些重要的场合。因为重要的场合经常会同时汇聚了不少重要的人物，借助这些机会你可以进一步加深与他们的关系，并彼此留下更深更好的印象，另外，你可能还会结识许多新朋友。因此对自己关系很重要的活动，不管是升职派对，或是朋友女儿的婚礼，都应尽量亲自到场。

不随意向人倾吐失意之苦

有很多女人，一遇上失意的事，就喜欢向别人诉苦，这样的女人是不可能能成就大事的。

轻易吐露失意事，不管是主动吐露或被动吐露，都有很多负面作用：

（1）无意中塑造了自己一种无能、软弱的女人形象。虽然每个女人都会有失意事，但如果你在吐露失意事时，别人正在得意，那么别人会直觉地认为你是个无能或能力不足的女人，要不然怎么会"失意"？嘴巴虽然不会说出来，但心里多少会这样去想。而失意事一讲出口，有时会因情绪失控而一发不可收拾，造成别人的尴尬，这才是最糟糕的一件事。如果你的失意情绪引来别人的安慰，温暖固然温暖，但你却因此而变成一个"无助的孩子"，别人只会对你做出一种评价——唉，可怜！

（2）别人对你的印象分数会打折扣。很多人凭印象来给女人打分，一般来说，自信、坚定的女人，她所获得的印象分数比较高，如果她还是个事业有成的女人，那就更会获得他人的"尊敬"，这是人性，没什么道理好说。如果你的失意事让别人知道了，他们下意识地会在分数表上扣分，本来可打80分，一下子就可能不及格了，而他们对你的态度也会很自然地转变，由尊敬、热情而变得不屑一顾、态度冷淡。

（3）形成一种固定的社会印象。你的失意事如果说得次数太多，或是经由听者传播得太多，让你的朋友都知道了，那么别人会为你贴上一个"失败者"的标签。当别人谈到你时，便会联想到这些事。在现实社会中，失败者只能自己创造机会，别人是吝于给你机会的。尤其传言很可怕，明明一点小小失意，却被传成大失败，这都会对你未来的人生造成或大或小的阻碍！谁管你是怎么失意，而失意的实情又如何呢？

当然，我们并不是说失意事就非得闷在自己心里，你也可以找人去谈，但必须看看时机和对象：

——只能对好朋友说。好朋友知道你的情形，你的坚强、软弱，优点缺点他都知道，跟这种朋友说能"确保安全"，甚至倒在他怀里、肩上大哭一场也无妨。至于初见面的人、普通朋友，一句也不可说。对于你的对手，那更不能说。

——只能在得意时说。失意之时谈失意，别人会认为你是弱者，而得意时谈失意事，别人会认为你是勇者，并由衷地从心里涌出对你的"敬意"，而你由失意而得意的历程，他们甚至还会当成励志的榜样，这又比一辈子平顺得意的人"神气"了。

还有，必须在此提醒你。有些人专门打落水狗，落井下石。你失意，也正是你最脆弱的时候，碰上这种心存恶意的女人，你可能就要倒霉了。要知道，欺侮弱者也是一种人性！

所以，碰到失意事，最好还是自我安慰、自我解除吧！这虽是一个小细节，但也决定着一个女人的命运。

恰如其分地谦逊

不少女性对于运用她们的交际能力感到害羞或是根本不愿展现自己的魅力。殊不知，不合时宜的谦虚以及过于严厉保守的家教都很可能成为一个人成功路上的障碍。

"我是非常有感情的人，我的个性不够沉稳，又经常犯错，是个令人头痛的人物，请各位多多指教。"这是一位女白领在公司简报中所写的一段自我介绍。当然，她实际上并没有真的那么糟糕。在现实生活里，她其实是个坦率、充满活力，又是个人见人爱的女孩。如果大家跟她共事一段时间的话，一定会了解她之所以这么介绍自己。完全是因为她为人谦逊、涉世未深的缘故。

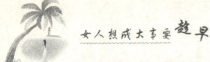

　　的确，在一堆女人或者同事之间，保持低姿态，总是比一副高姿态受欢迎。可是这种过分贬低自己的自我介绍还是不太好。因为真正和你一起工作、了解你人品的人并不多。而大多数的人，都是借助你的言辞来了解你。如果你刚开始就特意给这些人坏印象的话，那么，要扭转这些人对你的看法，就必须花很长的一段时间。不仅如此，一个人若过分谦卑的话，也等于在告诉别人："我不想做必须负责的苦差事。""如果搞砸的话也请各位原谅。"这无疑是被宠坏了的人的行为。即使你故意不告诉别人自己不够成熟，人家和你共事久了，也会了解你的。

　　事实上，比灰姑娘情结更恐怖的就是善良女子的情结。害怕让别人失望，害怕受到批评……所以想把所有的事情都做到最完美。一发生什么问题就把原因放到自己身上，然后就用这个教训鞭策自己要做得更好；一点轻微的斥责都会觉得害怕，连觉都睡不安稳；即使已经向对方说出了正确的意见，自己也没有任何错误，但还是会觉得对对方很抱歉，然后努力地对对方好。

　　但是，请想一下，你给世界上所有的人都留下了好印象，让世界上所有的人都得到了感动，那之后呢？你给自己留下了什么？如果什么都没有留下，那你那么努力地做那些有什么用呢？当你给自己留下了一些东西时，可能会有人说你有点自私，但这不要紧，一定要记留下自己的那一份。

　　东方女性从小就有一部分人被教育成一副不太自信的样子，谦卑而没有自信的女人固然可怜，可是，过于自信、咄咄逼人的女人，却又令人厌烦。所以，女性才会觉得还是谦卑一点好。久而久之，就变成了一种习惯。然而，这种谦卑并不是一种美德。如果你的能力是众所周知的话，即使你非常谦卑，人家也会认为你是个品格高尚的人物。可是，一个女人要是还没有人知道她的实力，就摆出一副谦卑温驯的模样。结果只能被人瞧不起。如果你告诉男人们你什么也不会做的话，还真的会有许多男人信以为真。

抄袭一下男人的优点

你有没有注意到，男性做事情不会请求别人同意？他们会请求原谅。而女性常常请求别人同意，与其说是真的需要某个人给她们亮起绿灯，不如说是出于习惯。在现代社会中，大都是孩子而非成人请求别人同意。每当一位女性请求别人同意她做什么事情或者说什么话，她就降低了自己的声望，并将自己降低到孩子的位置上。她也造成让自己去听人家说"不"的局面。

一个男人很容易做到相信自己超过相信其他任何人，并坚持自己的立场。

男性在任何处境下都把自己作为绝对权威。男人从不怀疑自己的意见是唯一正确的，自己的斗争始终是正义的，唯有自己看到的世界才是真实的。

对于女性来说，要想自己达到如此之"高"的见解是极其困难的。她们很难完全彻底地信任自己的评价，相信自己的判断。

那么，你是否总是常常问自己："我做得对吗？"

这种情况从购买一件自己喜欢的衣服这一简单的决定就已经开始了。我们骄傲地拖着女朋友走进商店，可只要她皱一皱眉头，我们的满心欢喜便荡然无存。

我们想要和自己的配偶一起去看电影。有三部精彩的电影可供选择。到底由谁来决定去看哪一部？——问题就在这儿！——一般都是由男朋友决定。

在某次手术是否必要这种棘手的问题上，要做出正确的决定是很困难的。必须与多位医生商讨，然而最后的决定只能由你自己来做！

这一点，正是许多女性缺乏自信的核心问题，同时也是我们通向"强大"性别道路上所面临的最大障碍。我们的自信心严重匮乏。我们宁愿让别人来做决定。我们总是相信别的什么人可能知道得更多。

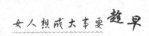

　　我们不能不承认，男性做决定比较快。女性绝不应低估男性抢先采取行动的意识，即使我们认为这种处理事情的方式过于鲁莽和匆忙。

　　男性总是先把职位抓到手里，然后再考虑自己如何去适应该职位的要求。他们抢在我们前面挤进停车缝隙里，还自鸣得意、和颜悦色地教导我们："会挤的人总是最先到。"

　　竞争意识始终伴随着男性的成长。他们从小就开始学习，即使只有一知半解也要自信地做出决定。然而，他们会由于主动、坚定的行动意识而赢得一片喝彩。

　　在行动之前寻求别人的同意，我们被人指责犯错误的可能性小了——但是我们被别人看作能承担风险的能力也小了。

　　女性甚至会在请一天假这样简单的事情上也要请求获得同意，有时在为部门需要的一项工作上花钱时也要请求别人同意，而事实上她们已经掌握决定权，这非常荒谬。

　　要试着承担更多风险，不必行动之前总要征求上级的意见。可以从不受关注的小事情开始，学会独立做出决定。

　　问问你自己，独立采取行动会损失什么。努力寻找事事依赖上级批准的内心动因，一旦你弄清楚内在原因，就能够有所改变。

　　撒切尔夫人作为英国当代政治史上的"铁娘子"，她给人的印象是冷漠、泰然、有非常强的自制力。就任首相之后，她的行为也曾经多次引起争议。对此，撒切尔夫人有自己的看法。她认为，假如我自己不能引起人们的争议和批评，那就说明我不称职。她说："一个人如果总是迎合别人，不要别人的批评，那么，他必将一事无成。"

　　铁娘子的"铁"并不是在她担任首相之后才表露出来的，这种性格贯穿于她的一生，只不过是在当了首相后，才得了"铁娘子"的称谓。撒切尔夫人就任教育大臣后，针对教育中的某些弊端提出了自己的看法和改进意见，引起了争议，她的两项经济政策，更是引起了轩然大波。这两项政策分别是：一、停止免费向小学生供应牛奶；二、不再给大学生贷款。前一项措施招致了学生家长的强烈不满，而后一项措施则造成了保守党和大学生之间的冲突。一个学生组织扬言要绑架她。然而，撒切尔夫人并没有因为社会各界的压力和舆论而改变自己的主意，用她自己的话说："我照旧做下去。"自幼养成的这种不回头、不怕别人议论、不为他人左右的性格，在初登政坛的撒切尔夫人身上突出地表现出来，这可以说是她成就大事的基础。

撒切尔夫人是在对前苏联政策上使她赢得了"铁娘子"的称号。英美关系是英国外交关系中的重要内容，而且英美两国有着传统的关系和友谊。1980 年，里根当选为美国总统后，撒切尔夫人公开表示，她要支持里根的对前苏联政策，当好里根的"啦啦队长"。撒切尔夫人不仅有言论，更将自己的设想付诸行动，在所有的问题上，里根政府和撒切尔首相都能够达成共识。"铁娘子"的称谓就是这时在前苏联《红军报》上最先出现的，也是这时开始叫响的。撒切尔夫人听到后，对此不屑一顾，她公开声称："他们说的没错，英国是需要一个铁女人。"

撒切尔夫人在处理各种问题以及实施各种内外政策时，始终坚持自己强硬的观点和立场，不留余地。这成为她的工作作风，也是她不能改变的性格。这种类似于男人的性格，让她在任首相后，把许多政策、措施，用"法律管制下的自由"加以概括。正是这种类似于男人的性格，让她在西方人的眼中，成为一位坚强、毫不妥协的政治家，而正是她的不妥协，不迎合别人的个性才使她获得了如此殊荣和如此非凡的成就！

在"建议"中分析自己

玛丽亚·凯莉是 20 世纪 90 年代唱片销量最高的女歌手。她介绍自己的经历时说——

在我大约 12 岁时，有个女孩子是我的对头，她总爱挑我的缺点。日久天长，她把我的缺点数了一大串，什么我是皮包骨，我不是好学生，我是捣蛋姑娘，我讲话声音太大，我自高自大……

我尽量克制着自己。最后，我再也忍不住了，含着眼泪和愤怒去找爸爸。爸爸平静地听完我的申诉后，问道："她所讲的这些是否正确？"

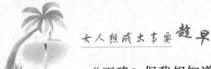

"正确？但我想知道的是怎样回击！它同正确有什么关系？"

"玛丽亚，难道知道自己实际上是怎样的不好吗？现在你已知道那个女孩子的意见，去把她所讲的都写出来，在正确的地方标上记号，其他的则不必理会。"

我遵照爸爸的话将那个女孩子的意见列了出来，并奇怪地发现，她所讲的有一大半是正确的。

有一些缺点我不能改变，例如我很瘦；但是大多数我都能改，并愿意立即改掉它们。在我的生平中，我第一次对自己有一个公正清晰的认识。

我把单子送给爸爸，他拒绝收下。爸爸说："留给你自己吧！你现在比任何人都了解自己。当你听到意见时，不要由于生气、伤心而听不进去。正确的批评你会分辨出，它在你的内心产生反响。"

父亲是镇子上最有学识的人。他是当地最有名望的律师、法官及校务会的会长。当然，眼下我还很难完全接受爸爸的话。"不管怎样，我认为在别人面前议论我是不对的。"我说。

"玛丽亚，只有一条路可以不再被人议论、不受别人批评，那就是什么也不说，什么也不做。当然，结果便是你一事无成。你是不愿成为这种人的，对吗？"

"那当然！"我承认道。

你会发现世界上有许多人，他们自认为在对你负责。不要拒绝听他们的意见。但是要只吸收正确的，并去做你认为是正确的事情。

在许多关键的时候，我都想起父亲的教导。由于一个偶然的机会，我来到好莱坞闯入电影界。在电影城我试遍了每一家制片厂。岁月流逝，两年过去了，我还没有找到工作。

有一位讨厌的导演总碰到我。他总说："你的鼻子太大、脖子太长，你这副模样永远不能演电影。相信我，我是内行！"我想：假如这是正确的，但我对此无能为力。对我的脖子和鼻子我毫无办法，只好不管它们而用加倍的努力来取得成功！我所需要的正确意见，最后来自一位善良、聪慧，名叫杰罗姆·克思的人。

他对我说："你必须学会用你自己的方法去唱！"起初，我很灰心，对他的话也不大在意；事后，我又想了一遍。觉得很对。它鼓舞着我，正像父亲常对我讲的那样。假如我一旦成功，这一定是我自己，而不是别人。

几个星期以后，好莱坞夜总会宣布候补演员演出节目。同以往一样，"候补玛丽"又登台了。但这次，我不试图模仿他人，我是我自己。我不想施展魅力，只穿上一件普通的镶有黑边的白罩衫，并用我在德克萨斯学到的唱法放开喉咙歌唱。我成功了，并找到了工作。

当别人向你提出建议时，不要盲目顺从，也不要全盘推翻，要不断地从这些"建议"中分析自己，相信自己就一定会成功！

美国小罗斯福总统夫人叶莉娜是白宫中拥有最多热情朋友以及激烈敌对者的女性。

她说，她少女时几乎是病态的害羞，害怕别人的闲言闲语。有一天她特意向姑母求教："姑妈！我常想做种种事情，却担心人家会说闲话。怎么办？"

老罗斯福总统的妹妹看着外甥女的脸庞半响，说："只要你心中了解那是正当的事情，即可不必在意别人如何说法。"

叶莉娜说，这句忠告成为她后来成为白宫女主人的心理支柱。她说，摆脱无谓批评的唯一方法就是：像端座在架子上的瓷偶一般——无动于衷。她建议说："只要你确信是对的事情，尽可去做。因为我们无法逃避批评。有时，因你做了某事会遭批评，但不做也会被责怪。"

美国国际公司总裁马修·C·布拉须也说："是的，早年我非常在意别人对我的批评，我总希望我是全体员工心目中的完美人物。他们有不同的想法，我会很烦恼，因而设法去笼络对我最反感的人。这一来反而惹某些第三者愤怒，然后我再跟这个男人取得妥协，接着又引起其他人的不满……最后，我终于发觉。为了避免批评，我越是努力于安抚不满的发生，敌人反而越增加。于是我告诉自己，'只要领导者，即不可能不被批评，你唯一的对策是，不要把它放在心上'。这产生了很大的效果，从那时起，我确立了一项原则，拟订计划时，务求考虑周全；一旦实施之后，即不在意任何批评。"

要知道，来自敌对者的"建议"，才是对自己最真实的"建议"，也是我们最需要改正的缺点。因此，女性朋友们要有足够的心理准备来迎接敌对者对自己的"建议"，同时，认真分析，需要自己改正的，或者需要自己坚持的，这样才能够提升自己的成功几率。

会哭的孩子有奶吃

有人开玩笑说，女性在做事情的时候要比男性辛苦，所以薪水要高一点。这只是一个玩笑。

不过，经常听见女性沮丧地说，因为没有直接提出加薪要求，所以她们的需要没能得到满足。最典型的例子是，女性得硬着头皮、鼓足勇气才敢要求加薪。她们常常感觉自己做错了什么似的，或者觉得自己无权要那些本该属于她们的东西。男性就很注意让自己的需要得到满足，但是却往往想将女性的价值或者其应得的回报压缩到最低程度。

詹妮是一家大工业化工公司的客户经理，她讲了自己的故事："我第一次接受一份工作并商谈我的薪水的时候，老板告诉我我是'最高薪'聘用的人，因为我有 MBA 学位。我信了他的话。工作几周后，我发现一个和我同时被聘用、级别相同的男士，没有 MBA 学位，居然比我的薪水还要高很多。我没有马上声张，决定先等一等，我要让事实证明我的价值。我开始把我所有的成绩一一记录下来，我做成的每一笔生意、别人没有做到而我发展的每一位新客户。到了该我总结自己业绩的时候，我将自己的成绩一一列出，强调我的业务范围最大，销售额最高——绝口不提我是唯一的女性。我告诉他们我希望涨 40% 的工资。他们同意了！我的老板告诉我我太幸运了，因为公司历史上从没有一下子提薪超过 40% 的。幸运吗？我可不这样认为。我只是拿到了自己应得的！"

不增加报酬就不能接受更大的责任。如果你曾经要求加薪而被拒绝了，不要让这次经验使你今后闭口不提增加报酬的事。要知道"会哭的孩子有奶吃"。但说起来容易做起来难。即便女性知道我们应该得到更多，让我们去要钱我们还是会犹豫，因为我们害怕听到"不"这个字。我的一位朋友在一家公司工作 5 年了，一年又一年光给她升职不给涨钱。最后，她的老板要她承担额外的工作责任，这样她就没法出差了。出差可以让她一年拿到 3 万元的补贴。她接受了这份体面的工作的时候，以为这回她的薪水一定会大涨。可是根本没有。实际上，她干的活多了，拿的钱反而少了。我们设计了好多方法，让她跟老板去谈这件事，要求给她加薪，她也准备好走进办公室，提出她迟迟未得到而本应该得到的加薪。可是一到办公室，她就张不开口！她担心经理会说："不，现在日子不好过，我们开不起那么高的工资。"她担心提出来会把他们的关系搞僵。要知道，她的价值至少是她目前收入的两倍。更糟的是，她自己也清楚这一点。

一个"不"字有什么可怕？你的上司会大吼："不，你不配拿那么多。"这样的几率微乎其微。他或她很可能会说："不，我们目前没有这样的预算。"

要求加薪给你经理的脑子里种下了这样的印象：你希望把你的价值和你的业绩联系在一起，得到应有的补偿。如果你的老板重视你这个员工，他们会尽力让你满意，这样你就不会心有旁骛。

我们姑且假设你的要求遭到拒绝，你的老板说，因为你还没有证明你的业绩应该得到更多的报酬。不要泄气——你仍然有进步，因为要是你不提出加薪，你不会知道你和你的老板对于你的工作表现和价值有不同的看法。这是你澄清误解的机会，无论是老板可能对你的工作抱有误解，还是你对于自身的期望抱有误解。

不要等着自己应得的回报送上门来，要主动提出要求。首先在精神上做好准备提出要求。考虑一下自己想要什么、为什么想要。提要求的时候，要直截了当，并且针对你应该得到的每一项要求，给出两三个合理的原因。其次，要注意三个技巧。

——考虑使用"既成事实"这个技巧。也就是说，用陈述的方式表达你的要求。例如，你不能说"我需要给明年的培训预算增加 1 万元"，而应该说"我已经把培训预算提高了 1 万元。因为新增加的人员和使用的新技术需要这笔钱"。

——把别人对你的好恶与获得你应得之物这两件事情分开，它们彼此无关。

——在你准备提出要求获得你想要或者应得之物时，要仔细选择适当的时机。在刚刚有雇员解雇之后要求加薪不是明智之举；也不应该在运作一个重要项目时要求调到其他部门去——这会让人觉得你在逃避工作。

在工作中，时机决定一切——确保你选定最佳时机提出要求。

在男人主宰的世界里游刃有余

在男人主宰的世界里，你要想在交际中游刃有余，就需要了解男人的弱点，并注意交际技巧。

（1）要抛开对男性的幻想

如果把男人看得太伟大，觉得他们很懂得理解别人，又很有能力，你这样给男人戴上皇冠的话，那你和他都会很累很辛苦。如果觉得男人比女人厉害，过高地估计他们的话，女性就会很容易依赖男性，对他们盲目服从，从而让女性自己的生活和工作变得一团糟。还有，如果在决定一些事情时也过度信任男性，女性就会很容易将自己比较明智的方案压下去。

其实男性和女性一样，会害怕、会计较，想得到爱。但你如果因此就小看男人的话，也是会吃亏的。有很多女性把男人看成是很庸俗、很现实、很自私的一类人，这样也是不对的。如果不好好对待男人，再好的男人也会变成令人寒心的人。

（2）要承认男女之间的差异

女性和自己的丈夫一起逛街时，看到渐渐失去耐心、没有精神的丈夫，就会说"真是一点情趣都没有"这样的话；丈夫在有烦恼或者双方产生矛盾的时候，也总是盯着电视看，不理别的，女性们这时往往就会说"到底为什么总是这样啊"一类的话。女性们总是不能理解，为什么男人们不能好好地享受一下逛街购物的乐趣？为什么他们有烦恼的时候总是想要自己一个人呆着？有一句话是这么说的："男人和女人来自不同的星球。"所以男人们会有以上那些我们不能理解的奇怪行为。

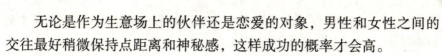

无论是作为生意场上的伙伴还是恋爱的对象，男性和女性之间的交往最好稍微保持点距离和神秘感，这样成功的概率才会高。

王云很喜欢听男同事的闲聊，他们好像无所不知：政治、军事、高科技、股票……佩服之余，她也不时刨根问底，但不久同事们都有意无意地避开她。

其实，男人在办公之余闲聊，多半是为了炫耀自己的知识面广及传达这样的信息：你们知道的，我也知道；你们不知道的，我也知道！但其实他们所知也不过皮毛，互相心照不宣而已。而女士天生的好奇心促使她们惯于"打破砂锅"，所以这样的"谈话粥"自然"煲"不下去了。

于是王云开始遵守"交谈规则"，不再事事"求甚解"。慢慢地，同事们又开始接纳她了。

（3）合作与个人的看法无关

"与田力合作简直是灾难。"在工程公司做项目经理的苏娟抱怨，"大家都知道，他的专业知识少得可怜，就会陪客户洗桑拿。我彻夜做计划，到后来他倒成了主要功臣。"苏娟的愤愤不平使她在新项目伊始就备感疲惫和不开心。

看问题容易带有强烈的个人色彩，是女性在工作中最易犯的大错误。这种情绪会干扰你客观的判断，也会影响你实施理智的对策。你可以不喜欢你的合作者，但不必为此浪费过多的时间和精力。

（4）坦然面对上司的否定

有人因为上司对她精心策划的广告方案说了"不"字，沮丧得连饭也吃不下："他一定是觉得我不行，我该怎么办呢？"

男人会把"不"看做是一种挑战，会立即思考，然后展开攻势说服上司；而女人天生的敏感和下意识的自我保护意识则首先会让她们联想到"自己不行了"。女人需要明白的是：有时上司的否定与你本身的聪慧和天赋毫不相关。

（5）眼光放在高处

孙洁与另外一个男同事一起负责一个大型工程，但同事总是很自然地将大量的文字处理工作推给她。结果数百页的数据收集及计算工作使她远远地落在了同事进度之后。

大多数男人不愿插手细节工作，美其名曰"女人都心细如发"。

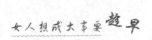

其实他们很清楚细节工作费时费力，又不容易显出成绩，他们的目光只聚焦在能直接带来成果的工作上。

孙洁后来找到上司，明确了自己在工程中最主要的职责，得到授权后，她只承担投标文件中商务部分文字工作，另外把主要精力放在了研究项目可行性的调查中，而她的搭档则要亲自完成技术部分的数字及文字处理工作。

（6）他们的爱好也是你的爱好

小媛所在公司90%的职员都是男性。午休的时候大家聚在一起有说有笑，但小媛却插不上嘴，只能远看。

男人喜欢谈论体育、股票之类的话题，他们即使不懂时装的流行趋势，也不妨碍他们与女同事的交流。但要想融入他们的圈子，则你最好知道一些他们感兴趣的知识。小媛开始强迫自己看一些体育新闻和评论，有时她还会舍去逛街的机会陪他们一起去酒吧看球。"世界杯后，他们已经可以和我拍着肩膀说话了。而且他们聊足球时，也顺便讲了许多工作上的事情，我学到了不少经验。"

培养自己的领袖气质

不可否认，尽管现在到了女性管理者发挥才能的时代，但女性在职业发展中存在诸多瓶颈。对于大多数女性白领而言，做到中层领导职位，想进一步晋升，就如同面对一个透明的玻璃顶，未来看上去近在眼前，却怎么也跳不过去。

这是因为最重要的一点是女性首先就没有平等地看待自己。很少有女性在职业规划中把自己定位为公司高层管理人员。她们更希望在个人生活和事业上寻求最佳平衡点。在这种心理的引导下，女性主观上要求晋升、追求事业成功的态度就会表现得不如男性那样积极。

同时，女性作为管理者还受到歧视。《哈佛商业评论》曾经就1000名男性和900名女性高级工商主管进行过访问，其中2/3的男性主管和 1/5 的女性主管表示他们对于在一个女老板手下工作感到不舒服；同时只有 9% 的男性主管和 15% 的女性主管表示乐于在一个女老板手下工作。

之所以出现这种对女老板不利的印象，主要在人们的惯性观念中，男性比女性更接近人们心目中理想老板的形象：强劲、果断、待人有度量、看问题有高度、处理问题有水准等。

女老板的管理风格很容易受到攻击。如果女性与男性同样采取一种温和的领导方式，男老板的行为更有可能被积极地解读，而女老板的温和则往往被认为是没有魄力的表现。一位女性管理者深有体会地说："有时处理问题时，有人会认为你是女人太软弱了；但如果你强硬，人家就会说你像个男人。"

美国心理学家汉瑞特·布莉卡说："女性对成功的解释和男性迥然不同，男性常把成功归于自己的能力强，失败则是任务太艰巨；女性则通常把成功归于自己的运气好，失败则归罪于自己的能力不足。男、女性分别以这种方式解释自己的成功，也同样看待别人的成功。这种对待自我能力的曲解，必然助长女性的自卑感，阻碍女性管理者的成功。"

亨利·明茨伯格在《关于管理的十个冥想》中提到："组织需要培育，需要照顾和关爱，需要持续稳定的关怀。关爱是一种更女性化的管理方式，虽然我看到很多优秀的男性 CEO 正在逐步采用这种方式。但是，女性还是有优势。"

惠普中国副经理兼商务总监冯克琳，是一个能够放下架子，与下属以朋友的关系相处的女主管。

她下班后，一般不会关上手机，对待下属打来的电话，需要的私人帮助，她一般不会拒绝。

有一次，有个女下属的家人过世，她和冯克琳通了足足 1 个小时的电话来倾诉。事后，她说："这样的电话如果不接，她很可能把不好的情绪带到第二天的工作中，影响大家的进程。"

在工作中，你是主管，应该具备自己的威严，但是换下"职业装"，你还是一个普通的女人。温柔、善良、体贴、博爱是你应该具备的品质。而那些聪明的女主管总会让它们来融化自己冰冷的面具，为自己的管理添加一些温情的元素。

虽然这种电话会耽误你的私人时间，但是当你耐心去听的时候，不知不觉中把自己的下属放在了朋友的位置。由此，下属不再会无端地害怕你，平等的交流是良好沟通的基础。

办公室是一个人与人相处，人与人协作的地方。而你管理的是一个个有感情、有思想的人，而不是操纵着冷冰冰的机器。

无论什么事情，都拿公司的规章制度生搬硬套，是在为自己跟下属的关系之中设定许多藩篱，虽然减少了"以下犯上"的情况，可是你的办公室却也变成了"一言堂"，低气压也会在办公室的上空肆虐低垂，美谋良策、群策群力和凝聚力都将离你而去，那时你再慨叹你的生硬冷酷，已是悔之晚矣。

放下架子，温柔施政，你不但会得到良好的建议、实用的方案，更会赢得下属的信任与尊敬，从而树立起自己的权威。

苗姜由于工作出色，被上司提升为部门经理。上任的第一天，她趾高气昂地走进了办公室，开会时，她也是只顾自己发布命令，而不理下属所提的意见。

而在她上任一个月后，她发现几个下属本来在讨论事情，可是她一过去，他们立即变成了"消音器"。由于下属们不合作的态度，她的工作进行得十分艰难。

她意识到自己犯了一个严重的错误，管理者开展工作首先不应该是端架子，而是应该倾听他人所言，并且和蔼可亲、平易近人。

为了纠正错误，她做的第一件事就是：表明她的办公室大门随时都是敞开的。之后，她平和自己的心态，倾听下属说话，积极与他们交谈。

在管理中，女性管理者"端架子、摆脸色"，绝对是管理的下下策，因为强硬的命令往往是缺乏管理能力的表现。"治人之策"应该是"晓之以理，动之以情"，只有用自己的人格魅力，而不是一味地依赖自己的权势，才能管理好自己的下属。

"得人心者得天下"。作为女主管，一副冷冰冰的面孔倒不如和颜悦色更令人佩服。更能把下属聚成一块铁板。

你放下架子，赢得了人心，也就赢得了员工的工作激情。而一个始终能够保持激情的团队，是一个能把全部身心投入到工作之中的团队，企业的成功也会由此而来。

女上司如何取信于男下属

在人际交往中，我们都期望取悦于人而不使人生厌或嫌弃。作为领导也同样希望给下属留下个好印象。尤其是女领导在面对男性下属时，一定要注意以下几个问题：

（1）树立独特的职业形象

在一般人的观念中，女性主管给人的印象是胆量不够，眼光短浅，依赖性强。第一件要做的事，就是叫男朋友不要在你上班时挂电话，也不要男朋友到你公司来接你。这样才能显示出自己的工作责任心及起码的独立能力。

作为女人，如果说在私下交往中，你可以得到男人的关心爱护的话，那么在工作中则不要完全期待得到男同事的关爱。要是你能干，男同事反而会有受威胁的感觉，否则他又会嗤之以鼻。因此，女人在工作场所里，尽管能得到男人口头上的诸多关照，但一到实际情形，则没有谁会真心帮助你，唯一能依靠的只有你自己。

（2）妥善地向下属布置工作

女性一得到提升，便觉得自己更应努力，很容易事无巨细都亲自接手而变得心力交瘁，精神不振。同时，如果事无巨细你统统包办代替，下属也会因此而事事依赖你，难以发挥整体的才能和配合。要改变这种被动状况，你必须学会妥善地向下属布置工作，明确哪些是该你亲手做的，哪些是该下属做的。要相信下属并给下属以锻炼的机会。不要身为主管仍做从前一般职员所做的工作，而应学习做领导，指导别人，从一个新的角度去展开工作。

（3）恰到好处地运用批评警告

作为一个女主管，当面临男性下属没做好工作而需要批评时，往往会觉得难以启齿，担心会伤害男人的自尊心。但为了大局，你还是应该不顾情面，该批评的批评。在批评之前，最好先赞赏几句，然后

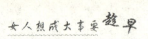

再具体地提出建设性的批评意见，并提供改进的方法。批评人时，要讲究方法，最好在单独情况下，面对面地中肯提出。

（4）对男性下属不得过分谦恭

对于年轻、漂亮的女上司，一些男下属常不愿服从管理。作为女主管，你要对他用软功，苦口婆心，他会看扁你，因此，对待这类男性下属，没有必要处处谦让，而应拿出上级的权威，让他感到你不是吃素的。当然，若能恩威并举，是最有效的，只不过这种恩要建立在威的基础上，对女性来说更应如此。

（5）不要伤害男人的自尊心

一般说来，男人的自尊心都非常强烈。男人总是自信天下第一、无所不知、无所不能。这种自尊心实际非常脆弱，一遇到女人威胁到他的存在，便会产生抗拒的心理。所以你若想在一个现代的世界里站稳脚跟，就必须懂得在适当的时候维护一下他们的自尊，并夸奖他们一两句。但要记住：这种夸奖要有分寸，否则别人可能误会你对他有意，而令你尴尬。

征求男人的意见也是一种赞赏。因为这表示你重视他的见解和经验，令他觉得他存在的重要性。但你在征求意见时，不要让他觉得你事无大小都要过问一番，这样会令他觉得你根本没有判断力，不懂得抉择。

在公司，极不适宜和男人商量纯私人性的问题，如家庭、丈夫、男朋友的问题等，除非你和他私交相当不错。

当然，诸如你想买汽车、投资股票或购买房子，又知道他在这方面有研究，就可以在轻松的情况下（如午饭、下班后）向他讨教，保准会令他觉得你有眼光而对你友善，以后也会自动向你提意见。

对于纯属公事性的问题，则可随时提出，用不着不好意思。

（6）不要在别人面前流眼泪

女性很容易用哭来要求想要的东西。但在工作的环境里，这种女性化的情绪表现却是不能容忍的。虽然这一哭，可能会立刻得到同情，但这只是一刹那间的事。从长远的眼光来看，不但有损你的威严，也对你的事业形象有害。在有些情况下，男人能接受某些女人的眼泪，但对一位主管却绝对不能。他们会鄙视动不动就哭的女人，并以此断定该人不能做大事。所以，在你的下属面前，你不要轻易流眼泪。

（7）防人之心不可无

在公司竞争中，有的人会不择手段地拆你的台，一个能干的女主管也不能幸免，一种最常用的手段就是同事有意向你泄露假消息或提供假情报，令你在紧要关头措手不及。俗话说得好："林子大了什么鸟都有。"在你的公司内部也同样，作为女领导，"害人之心不可有"，但是，"防人之心不可无"。你要提防那些小人拆你的台。

（8）被误作情侣时即时更正

职业女性尤其女主管，免不了会有许多工作上的应酬，如与一名男士单独吃饭、跳舞什么的。不幸的是，在某些时候，尤其在晚饭时间，常会被人误作夫妻或情人。当侍者走过来。自作聪明地唤你一声"太太"时，你当然极不自在。礼貌上应由男士作解释，但男人通常不会即时做出反应，而是听之任之，若无其事，一是懒得解释，二是有意戏弄。遇到这种情况便自己解释好了。

当女人管理女人时

一部美国电影里有这样的一幕：35 岁的画廊女总监和她年轻的接班人为一幅画的摆放位置争执不下，情急之中，女总监脱口而出："你只有 22 岁，哪知道什么人生！"同为女性的接班人闻言转身，高扬起眉毛一脸防卫地说："这话什么意思？"——场面顿时有了剑拔弩张的味道。

试想，如果她们中的任何一位换作异性，场面可能大有不同。

俗话说：男女搭配，干活不累。虽然有调侃的味道，但这话不无道理，因为男与女的组合可以取长补短，相得益彰。话虽如此，但现在随着女性越来越多地跻身职场中、高层，女人管理女人的"女人国"渐渐多了起来。不可否认，女人身上不可避免地有一些缺点，如敏感、多疑、善妒等，使身为女下属或女上司的职场女性，不得不对自己格外多加几个"提醒"。

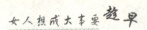

　　夏绿得知自己被调往行政部的时候非常开心，因为行政经理是她的大学同窗，两人情趣相投，夏绿本以为和她共事一定轻松。但情形并非如此，昔日的同窗、今日的上司对她完全没有以前那么热情，公事上她言简意赅，夏绿有些不很熟悉的环节向她请教，她甚至含糊地一带而过，而下班后她们也各走各的，以前一起去餐厅小坐的情形不复存在。聪明的夏绿当然看得出来，同窗这样做，一是想和她保持距离以分清职位高下，以便管理；二是担心也很出色的夏绿成为自己的竞争对手。夏绿看出了这两点，不再对她们的友情抱有太高期望。

　　职场友情固然存在，但在有利益冲突的情况下却常常另当别论。

　　假如你做秘书时已和别的秘书成莫逆之交，之后，你脱颖而出，升了主管，便要避免与她们打得太火热。一方面不要让别人觉得你还是摆脱不了女秘书风格；另一方面，她们亦会在你面前有诸多顾忌。因为诉说上司的闲话是她们的生活情趣，你若在场，会使她们感到尴尬。

　　小苒能力强，工作出色，常博得老总赞许，其他同事也不乏赞美之词。不仅如此，她人也长得漂亮，总爱把自己打扮得风采出众，常引得周围一片"惊艳"之声。小苒的部主任是位颇有风姿、年近四十的女性，小苒刚进公司的时候，主任对她也很亲切，现在却越来越冷淡了，小苒一直不明就里，直到有一次……部门全体出动举行年终庆贺，酒桌上小苒出尽风头，去唱歌时，她当然不放过一展歌喉的好机会，然而就在兴冲冲地要唱第三首歌时，在众人的掌声里，她无意中看到了有点受冷落的女主任，她扭到一边的脸上有着极其明显的不快。在那一刻，她明白了一切。

　　喜欢出风头是女人常犯的毛病，虽无大碍，但是最好不要盖过女上司。

　　我们再来看一个例子——

　　快到开餐时间了，餐前训示时，米兰发现一名女服务生竟在偷偷剪指甲，身为餐厅经理的她当然要给以颜色，以正视听，米兰当场就给她开出罚单。可没等她说完，竟传来这名女服务生委屈的抽泣声，顿时所有人的目光都投向了米兰，包括餐厅里提前到的几名顾客，她哭得那么伤心，甚至米兰都觉得自己是不是太严厉了？一时间她差点无所适从。但很快米兰就调整好了心态，她趁机向所有人重申：必须要整理好自己的仪容仪表才能出现在工作场所，绝不容许类似情形再次发生。

不要因为属下是女人就起恻隐之心，怕别人说你心狠，任何情况下都要明确传达指令；切不可显示出优柔寡断的女人气，婆婆妈妈、唠叨琐碎更是身为女性管理者的大忌；以身作则方可为人楷模。

让拒绝的话富有弹性

有的女人"善于"答应别人的请求，总觉得别人求到自己了是对自己的信任，不好意思拒绝，就大事小事全都揽在一起，结果事情办起来叫苦不迭，后果自可想象。因此，无论你有多善良，心肠有多软，请你在面对他人的苛求时坚定地说一声"不"。也许别人的请求并不是无理的，他不是让你腐败也不是让你难堪，但你的内心就是有些棘手、为难、后悔，当这些词语隐隐地出现在头脑中时，不要犹豫了，这事你办不好，就不如委婉地拒绝，否则事倍功半，你的善良换来的只能是怀疑、失望与不信任：

"不"这个字听起来真的很刺耳吗？也许是的，可是换个角度来看，其实有时候我们说"不"就是在对成功说"是"。

在社交活动中，常会发生这样的情况：当别人有求于你，而你出于各种原因，不能接受，又不好直说"不行"、"办不到"，怕伤害对方的自尊心；当对方提出一些看法，你不同意，既不想讲违心之言，又不愿直接顶撞对方；当你看不惯对方的行为，既想透露内心的真实想法，又不愿表达得太直爽，以免刺激对方。为很好的应付上述种种情况，你就要学会巧妙地拒绝，根据不同的情境善说"不"，同时让"不"有一副可亲的面孔。

这种拒绝的艺术可采取如下的一些方法：

彬彬有礼法——当别人邀请你出门，而你又不愿去时，可以彬彬有礼地说："我很感谢你的盛情。不过已经有人约了我，所以我今天

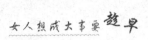

就没有福气享受你的美意了。"

不说理由法——在有些场合对某些人说明拒绝的理由，有可能会节外生枝，事与愿违。为减少麻烦，可以不说理由。如遇到曾经借钱不还的人又来向你借钱，你就可以明确表态："实在对不起，我恐怕帮不上你这个忙。"如果他继续纠缠，就再重复一遍，他就会知难而退。

诱导对方法——这是通过巧妙的诱导使对方否认自己的观点，从而达到拒绝的目的。比如当有人问你一些需要保密的事时，你可以学习前美国总统罗斯福的做法，当他被好朋友问及新建潜艇基地的情况时，他就问他的朋友："你能保密吗？"回答是"能"。于是，罗斯福笑着说："我也能"。对方就不再问了。

答非所问法——对对方提出的问题，用与此不相符的内容来回答。比如一位外国人问银行工作人员："中国银行发行了多少人民币？"对这一保密数字，工作人员自然不能回答，于是幽默地说："一共壹佰陆拾捌元捌角捌分。"外国朋友表示不理解时，他解释说："壹佰元、伍拾元、拾元、伍元、贰元、壹元、伍角、贰角、壹角、伍分、贰分、壹分，加在一起不就是这个数吗？"

妥协应付法——当别人提的要求使你心有余而力不足时，可以妥协应付说："这是我们的责任，可是由于目前条件不够，还不能完全解决，我们正在创造条件，请你耐心等待。"

模糊应对法——当遇到难以回答或不便回答的问题时，可以用模糊语言："这事不久以后就能解决"，"你的病慢慢就会好的"。

委婉拒绝的方法远不止上面几种，你尽可以采用各种各样的方法，只是一定要注意，无论用哪种方法，都不要损伤他人的自尊心，或是使他人感觉难堪。

第七章　魅力——你可以强化的吸引力

做人群中永远的焦点。

女人想成大事要趁早

魅力达人，总是教人想忘也忘不了

我们都有一个名字，也许还有一个头衔。

你的头衔、职业、收入，甚至姓名，其实并不重要，以往和你交换过名片的人，你记得几个？有人挂了董事长的头衔，有人是大学教授，有人号称月入数万。一转眼，你就把这些人全忘光了。

但是那些精彩的人，总是教人想忘也忘不了。

深深刻在我们记忆中的，都是有魅力的人物。他们未必拥有吓人的头衔，也不一定开豪华轿车，戴名贵珠宝，甚至于他们所从事的行业，也不必要设在气派的玻璃大厦里。

如果你稍稍留意一下，就会发现那些成功的女人都有一种不可抗拒的魅力。她们的举手投足，音容笑貌都能让人有耳目一新的感觉。

我们或多或少有过类似的经验，也许蓦然回首而怦然心动，也许转瞬即逝而茫然若失，或者潺潺不绝缓缓流过心田。那种让人震撼和难忘的是什么呢？这就是魅力。她是一种可触、可感的视觉美，更是若隐若现的生命美，正是这种美给了她们凝聚力和感召力，奠定了她们成功的基石。

我们都知道林徽因曾是 20 世纪初的中国新式才女，她嫁给了建筑学家梁思成。可是诗人徐志摩和她也曾有精神上的眷恋，徐志摩死后，林徽因还写了一首诗《别丢掉》，"别丢掉，这一把过往的热情……"还有一位爱慕林徽因的人是逻辑学大师金岳霖，因为林徽因他终生未娶。金岳霖先生在北大执教，晚年的时候同学少年都故去了，有一天他约了好多人吃饭。大家都不知道那天吃饭有什么由头，又很奇怪金先生那很隆重的样子。后来金岳霖说："今天是徽因的生日。"让大家都唏嘘不已。

魅力使女人得到自信，得到意想不到的好运。女人的魅力使这个世界生机盎然，爱意弥漫。

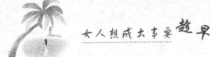

魅力到底是什么？并不是每个女人都能说清楚。是"美目盼兮，巧笑倩兮"，千娇百媚的回眸一笑；是"千呼万唤始出来，犹抱琵琶半遮面"的娇羞；是"在天愿做比翼鸟，在地愿为连理枝"的一片痴心；是"春风十里扬州路，卷上珠帘总不如"的风姿；是"却嫌脂粉污颜色，淡扫蛾眉朝至暮"的任性和自信；是蒙娜丽莎神秘的微笑；是玛丽莲·梦露迷人的神韵；是撒切尔夫人内涵丰富的目光；是索菲亚·罗兰性感的嘴唇；是女飞人乔伊娜闯线时满脸的笑意……

其实，魅力无所不在，无时不在，千姿百态，美不胜收。大家闺秀，潇洒飘逸，落落大方；小家碧玉，玲珑剔透，娇美可人。女人的魅力，风格迥异，是其个性和气质的表现，大可不必东施效颦，强求一律。魅力是一种创造，而不是上帝的恩赐。它是一种高层次的美，比一切外在的美更有生命力，让人一见难忘，回味无穷。

有的女人抱怨说："我也希望自己长裙拖地、步履轻盈、神情高贵地行走在华丽的宫殿里面，展现无限的优雅；我也希望在落日沙滩、椰树摇曳的美丽画面中悠闲地躺在长椅上，展现迷人的魅力啊，可是，我没有金钱，也没有时间，更糟糕的是，现代社会这么紧张快速的生活节奏已经不允许有魅力生存的空间了。"

其实，真正的魅力不一定需要有那么多的金钱或者时间作为后盾，只要你留心，魅力无处不在。一个眼神、一句话语、一个动作、一抹微笑，无不让你魅力万分。

美国前总统的夫人劳拉·布什，是一位平和、沉着和具有独特个性的魅力女性。当年她答应嫁给小布什前与他有言在先，不在公开场合代表他做政治性发言。而她却鼎立协助夫君在美国总统竞选中获得成功。

小布什年轻时是出了名的花花公子，喜欢出风头，爱耍嘴皮子，遇事不冷静，劳拉却不喜欢张扬，遇事沉着冷静，话不多却总能切中要害。平时，她耐心地劝小布什集中精力干事情，提醒他该做什么不该做什么。她给小布什的生活带来了平和。当小布什接受共和党正式提名为总统候选人时，魅力女人劳拉始终站在他身边，代表的不仅是她内在的力量，还代表了美国妇女角色转变中的冲突。在小布什为竞选四处奔波时，劳拉更是跟随其后为他拉选票，她这一举动获得了选民的好感。

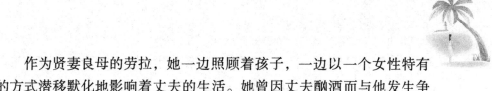

作为贤妻良母的劳拉，她一边照顾着孩子，一边以一个女性特有的方式潜移默化地影响着丈夫的生活。她曾因丈夫酗酒而与他发生争执，并严厉告诫他把酒戒掉。对于妻子的劝告，小布什开始无动于衷，但在劳拉的一再劝说下，终于在自己 40 岁生日时把酒戒掉了。

"9·11"事件后的第一个圣诞节，劳拉的个人魅力再次展现出来。在一千多名国会议员出席的圣诞晚会上，身穿红色无带礼服的劳拉陪同布什在三个小时里，微笑着与每位议员以及他们的家人合影。即使对那些惯于参加社交活动的人，这种应酬也是很费精力的，但劳拉在整个晚会上一直是神采奕奕的。她这一举动是对丈夫坚决支持的另一种方式。

如今，年过半百的劳拉处于聚光灯下却不想抢镜头，作为政治家的妻子，冷静自信的她宁愿读书或干些园艺活。难怪小布什说，他一生中做得最完美的一件事就是和劳拉的婚姻。劳拉是他人生最大的财富，她给了他足够的力量和信任。小布什多年的朋友也说，乔治能有今天，劳拉功不可没。

这就是魅力的美，它是神奇的，这种神奇让女人有一种摄人心魄的温柔力量。这种力量让女人驯服命运，驾驭命运，从而改变命运。魅力，让女人的美得以升华；魅力，让女人拥有洒脱的人生。魅力女人如同一道美丽的风景，令人赏心悦目。

有人说，魅力的女人不一定是成功的女人，但成功的女人必是魅力的女人。

年龄与美丽没有时差

自从人类有了文明历史以来，就与美丽的女子有了很大的关系。在西方曾经有过十年征战仅为一个美丽女子的神话故事。在东方，关于美女的故事更是不胜枚举，中国古时的四大美女中，西施用她闭月羞花的容颜，让不可一世的吴王成了亡国君主；貂蝉用她沉鱼落雁的容貌，毁掉了董卓、吕布这两个力大无比男人的"辉煌"前程；王昭君用她的美丽作代价，成为两国和平使者；娇媚的杨玉环改变了中国人民传统的重男轻女的思想，使得举国上下"不重生男重生女"。

就是现代社会，不管男女平等达到什么程度，人们的审美观念是不会那么容易改变的。对男性们来说，他们看女性还是非常注重美丽的外貌。既然这样，那就把外表变得更美丽、更具魅力地去生活吧。

我们都喜欢个子高、肩膀宽、声音比较粗犷，又很有绅士风度的男士，如果这样的男士帮女性提重物，女性肯定会觉得很感动。反过来站在男性的角度看，他们当然喜欢留着长长的头发、穿着飘逸的裙子、美丽地微笑着的女性。不要把有女人味看作是一个麻烦的包袱，而应该把它想成自己可以堂堂正正享有的权利。

有些女性常把女人味看成是一种懦弱和虚荣，觉得在自己喜欢的男性面前装做很娇小的样子是一种虚伪，在对方面前展现自己的魅力就是把自己的内心展示给对方，所以她们会尽量压制自己的本能。事实上，对自己诚实一点才是获得幸福的捷径。

让你享受女人味的感觉，并不是要你一直保持长头发、一直穿裙子、一直装可爱样，而是要你明白作为一个女性诞生到这个世界上的那种自豪感和幸福感。作为一个女人，性感、温柔、宽容、母性等本能我们都要充分去享受。

玛格丽特·撒切尔夫人曾经说过："我即使只是前进1厘米，也要继续战斗下去。"铁娘子撒切尔夫人虽然战斗了那么长时间，但从外貌上看，她还是一个名门贵族的淑女：柔软卷曲的短发、精致的脸蛋、露出膝盖的裙装……这些才是女人真正的魅力。如果撒切尔夫人是一个留着运动发型、卷起正装裤子、舞动手指大声地指挥战争的形象，那些战争还都能够取得胜利吗？

要知道，年龄与美丽没有时差，年轻女性有年轻女性的青春美，年长女性有年长女性的成熟美，她们是截然不同的两种美，但都吸引着人们的目光。

具有内涵的美丽容貌

伟大的作家雨果说："塑成一个雕像，把生命赋给这个雕像，这是美丽的；创造一个有智慧的人，把真理灌输给他，这就更美丽。假如没有内在的美，任何外貌的美都是不完备的。"

从古至今，不管是在温文尔雅的文学家笔下，还是在勇冠三军的武者眼中，美丽女人不仅仅是指貌若天仙的美女，更多的是指她们精神与品质上的美丽，外貌与气质上的秀雅，再配上温柔可爱的性格，就使温柔如水的女人拥有了战胜"泥做的男人"的条件。反之，就难以称得上是美丽女人。既有着出众的外表，又充满着智慧，这样的女人才是最美丽的女子。

任何一个人，都不会把一个外表漂亮，但心肠如蛇蝎的女人称之为"美女"。有位中国女作家写过一本《寻找优秀的女人》的书，她在书中称美丽女人要具备：和谐、柔和、持久。而和谐无疑是指女性的外在美，柔和就是指女性温柔的性格，而持久则是最重要的，即指女性的内在美，即善良、智慧等等女性的美德。有了这些条件，女人的美丽才是持久的。即使稍纵即逝的外表会令无情的岁月夺走，但内在美却会随着时光的消逝变得更成熟。

对于女人来说，如果空有出众的外表，那么只能算是个花瓶。毕竟美貌只是生命中的一瞬，只有内在美才能够永恒。

伍冰枝是加拿大历史上第一位华裔女总督。她从一个难民成为女总督，正是她女性身上独具的魅力起了重要作用。伍冰枝祖籍是中国广东台山，1940年出生于香港，两岁时，由于日本侵略香港，伍冰枝一家沦为难民。3岁时跟着父亲以侨民和难民的身份撤离香港到加拿大首都渥太华定居。

读书期间，她深深体会到作为一个难民、外来民族受到的不公平待遇，为了改变这种环境，她发誓要用知识改变命运，了解过去，展望未来，彻底改变外来民族不平等的待遇。聪明好学的她博览群书，兴趣广泛，小小年纪就显示出极强的社会活动能力，在中学最后一年，她被评为全校最佳女生。中学毕业，她以优异的成绩考入加拿大著名的多伦多大学，成为当时移居加拿大的华人子弟中为数不多的大学生之一。

进入大学的伍冰枝，比以前更加刻苦地学习，各科成绩非常优秀，她还利用业余时间学习英语，发表了很多学术论文、社会随笔及政治文章。成为多伦多大学校园里公认的才女。毕业后，伍冰枝在加拿大最大的广播电视台主持音乐、影视、舞蹈、戏剧等节目。她以极大的热情投入到酷爱的事业中，并立下格言：凡事要做到110分。在这一敬业精神的推动下，她的工作能力迅速提升。由于有深厚的文化、艺术功底做基础，还精通英文和法文，再加上她优美的仪态、动听的声音、亲切柔和的笑靥，由她制作的节目很快吸引了观众，几乎轰动了全国。她以自己独特的魅力，在主持人如云的电视界脱颖而出，成为很多人崇拜的偶像，连续多年被评为著名节目主持人。

1982年，随着她的社会知名度的提高，她被任命为安大略省驻法国的总代表。多年的工作经历和好学精神，让伍冰枝很快熟悉了业务，成为主持人兼外交官，不久，她以工作高效，沉着自信，受到驻任国的好评，是一位公认的优秀外交官。

伍冰枝性格开朗、对人亲切友好，对周围的人和事都感兴趣，有敏感的嗅觉和深刻的洞察力，这是她能成为著名人物的重要因素。加拿大《国家邮报》评论她是"深受举国尊重，聪颖而正直，优雅而又平易近人，又没有党派的政治背景。虽然来自异国，但却深深热爱着接纳她的第二故乡"的女人。她在民众心中的形象则是：卓越的才华、独具亲和力。

伍冰枝以她与众不同的魅力，在竞争激烈的加拿大政坛，以聪颖、自信、善良、可爱成为人人看好的女总督。当任命公布后，全国上下引发一片喝彩与叫好声：新闻界表示赞同这一决定；社会其他各界也纷纷致电总督办公室发出对伍冰枝的支持声；就连一向与联邦政府唱反调的魁北克政团都以百分之百的满意来认同这一提案，他们在此前曾要求联邦政府废除加拿大总督制度，而现在却转而对任命伍冰枝做总督予以支持，这不能不说是魅力女人伍冰枝创造的一个奇迹，也充分说明她获得社会各界人民支持的广度与深度。

伍冰枝的成功并非偶然，而是多年学识的积累，努力的结果。她是那么好学，她对工作是那么执着，即使是在屡屡获得成功时，仍然以平和的心态踏实地工作着，并不像有的人，一旦在某一方面有点成就，就目中无人。伍冰枝无论得多少奖项，始终用她温和的笑与周围人相处，以女性的魅力，以女性温情柔韧的力量，征服了所有的人，从而赢得广大人民的喜爱。

懂得内在美的女人比拥有外表美更为重要。随着岁月的流逝，她们更懂得内在美的重要性，知道怎样去经营自己的美丽，只有内在美，才能让女人的不同年龄段有不同的美丽。当女人走过如花的青春成为人妻或人母，但是，在经历了婚姻的磨练后依然美丽动人，她们在婚后渐渐形成的成熟，更折射出一种不同寻常的美，这样的美，同样令很多人为之心动。

一位名女人说："赋予我一个美好的灵魂，我的外表也将一同美丽。"从此话可以看出，女人之所以美丽，是因为她长久不衰的内在美。有了内在美，每个阶段的女性都会呈现出不同的美丽来。拥有内在美，女性便有了立于不败之地的武器。

有个性，才有与众不同的魅力

女性的美，在于迷人的、能够吸引人的个性。

你是否曾仔细观察过花园中盛开的玫瑰，这些玫瑰粗看起来都十分相像，其实不然。只要你仔细看，便会发现它们朵朵不同，甚至连属于同种的玫瑰，开出来的花彼此都不太一样，如生长的速度、花瓣曲卷的程度、颜色的均匀与否等。只要你仔细分辨，就可发现它们各有独立的风姿。

不仅自然界如此，人类的情形更是如此。你不仅有区别于别人的身体，更有区别于别人的思想，你不一定是最优秀的，但，你是独

特的。

什么是迷人的个性？你的个性是你的特点与外表的总和，这些也就是你和其他人所不同的地方。你所穿的衣服、你脸上的线条、你的声调、你的思想、你由这些思想所发展出来的品德，所有这一切都构成你的个性。

作为女人，盲目从众已严重影响自己在当今社会立足，殊不知自己的独特性同自己生存质量是紧密相连的。在当今社会，竞争不仅是才能的竞争，更是个性的竞争。你不清楚自己的独到之处，不了解自己潜在的优势，就很难凭真本事去竞争，就很难在优胜劣汰的环境中显出实力，那么你的愿望也只能成为愿望。要想施展自我，要想不被别人牵着走，只有认真地剖析自我、确认自我，勇敢地摔打自我，尽力开发自我价值，才能使自己真正成为自己。

索菲娅·罗兰是意大利著名影星，自1950年从影以来，已拍过60多部影片，她的演技炉火纯青，曾获得1961年的年度奥斯卡最佳女演员奖。

她16岁时来到罗马，要圆她的演员梦。但她从一开始就听到了许多不利的意见。用她自己的话说，就是她个子太高，臀部太宽，鼻子太长，嘴太大，下巴太小，根本不像一般的电影演员，更不像一个意大利式的演员。制片商卡洛看中了她，带她去试了许多次镜头，但摄影师们都抱怨无法把她拍得美艳动人，因为她的鼻子太长、臀部太"发达"。卡洛于是对索菲娅说，如果你真想干这一行，就得把鼻子和臀部"动一动"。索菲娅可不是个没主见的人，她断然拒绝了卡洛的要求。她说："我为什么非要长得和别人一样呢？我知道，鼻子是脸庞的中心，它赋予脸庞以性格，我就喜欢我的鼻子和脸保持它的原状。至于我的臀部，那是我的一部分，我只想保持我现在的样子。"她决心不靠外貌而是靠自己内在的气质和精湛的演技来取胜。她没有因为别人的议论而停下自己奋斗的脚步。她成功了，那些有关她"鼻子长，嘴巴大，臀部宽"等的议论都"自息"了，这些特征反倒成了美女的标准。索菲娅在20世纪行将结束时，被评为这个世纪的"最美丽的女性"之一。

索菲娅·罗兰在她的自传《爱情与生活》中这样写道："自我开始从影起，我就出于自然的本能，知道什么样的化妆、发型、衣服和保健最适合我。我谁也不模仿。我从不去奴隶似地跟着时尚走。我只要求看上去就像我自己，非我莫属……衣服的原理亦然，我不认为你选这个式样，只是因为伊夫·圣洛朗或第奥尔告诉你，该选这个式样。如果它合身，那很好。如果还有疑问，那还是尊重你自己的鉴别力，拒绝它为好……衣服方面的高级趣味反映了一个人的健全的自我洞察力，以及从新式样选出最符合个人特点的式样的能力……你唯一能依靠的真正实在的东西……就是你和你周围环境之间的关系，你对自己的估计，以及你愿意成为哪一类人的估计。"

索菲娅·罗兰谈的是化妆和穿衣一类的事，但她却深刻地触击到了做人的一个原则，就是凡事要秉持自己的本色，不要模仿别人去换取暂时的回报，这种以丢失自我为代价，从长远的角度看，无异于杀鸡取卵。你也许在某个时候会发现，羡慕是无知的，模仿也就意味着自杀。

好莱坞著名导演山姆·伍德曾说过，最令他头痛的事，是帮助年轻演员学会如何保持自我。"刚刚入行的年轻演员几乎都想成为二流的拉娜·特纳或三流的克拉克·盖博，观众已经尝过那种味道了，他们需要新鲜的。"

世界上所有的珍贵东西，都是不可仿制的，是绝无仅有的。作为女性大家族中的你，也是这个世界上独一无二的。

你完全可以把巩俐、张曼玉当作心中的偶像，完全可以惊叹杨澜、张璨创造的惊人财富，但你千万不可对自己妄自菲薄，从心中小视了自己，尽管自己存在着这样那样的缺陷。

或许你的形象比不上巩俐的娇美，或许你的财富和杨澜所比起来显得微不足道，但你大可不必自惭形秽，你的勤奋刻苦，你的自强不息，谁又能不承认是人生的一大亮点呢？

自古至今的一句老话叫"尺有所短，寸有所长"，想想真的很有道理。

她有她的优势，你有你的长处，没有必要拿自己和她去对照，更没有通过自己的有意的对比而给自己心理造成某种压力。

唐代大诗人李白曾说"天生我材必有用"。既然如此，人家是块金子能闪闪发光灿烂夺目，我是块煤炭也熊熊燃烧温暖世界。

个性就是特点，特点就是优势，优势就是力量，力量就是美。

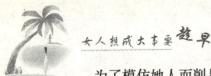

为了模仿她人而削足试履，是愚者所为。

摇滚巨星麦当娜的性格豪放得近乎于疯狂，野性十足，激情四射，让全世界的歌迷为之疯狂。

摇滚艺术本身就需要激发出人的豪放野性与疯狂，麦当娜的与众不同的个性无疑适应疯狂、野性的摇滚艺术。所以，麦当娜因其独特而赢得了长久不衰的事业。

麦当娜在纽约时代广场举办摇滚演唱会时，一万名歌迷聚集，想一睹麦当娜的风采。同一年，在巴黎南端一个公园里，13万名歌迷与麦当娜共同欢歌，歌声使得整个城市不能入睡，这一次演出创造了法国摇滚乐史上观众最多的记录。

狂野的性格，喜欢的是轰动效应，这种性格中的激情和野性，促使人疯狂、勃发，麦当娜举办完了纽约时代广场演唱会后，她再次举办"金发女郎雄心勃勃"巡回演出。此时麦当娜早以名声大振，由于她特殊的艺术风格，所到之处，无不引起狂潮与骚乱。她不仅给所到国家的青少年带来狂欢，同时也给那些国家或城市的政府带来强烈的冲击。

用野性十足来形容麦当娜一点也不过分，她天生有疯狂放荡不羁的个性。面对麦当娜的巨大成功，对她的评价蜂拥而至。有人说她是"淫荡的色情皇后"，也有人称她为"天生的尤物"，但是，也有人认为麦当娜是"一位完美的流行艺术家"，认为"她是真正的天才"。然而，麦当娜对这一切却不置可否，她只是说："有人说我是荡妇，我希望更多。"这不能不让世人惊讶。

这些已经成功的女人身上的与众不同似乎特别明显，其实在她们未成名之前，或者也和你一样平凡普通。所以要成功的女人一定要细心地把自己身上与众不同的东西找出来，加以放大，并坚持到底，这虽然是微不足道的小事，但却决定了你一生的事业。

要知道花容月貌的女人很吸引人，然而性格独特的女人更容易吸引人，她们开朗、自由，坚持用自己的方式过自己的生活。也许正是这种对生活的自信，才使她们产生了更多的浪漫柔情，才让她们充满了独特的个性。

包装自己成为"形象代言人"

过去，人们穿衣服仅仅是为了防寒阻热、保护身体，但是，今天衣服除了这一基本功能外，最重要的功能就是修饰外貌、展现美感。一个人穿着白大褂就容易被别人当成医生，穿着法官服就又会被联想成既有丰富学识又有高高在上的司法权威。服装无不被人们与某种形象特质联系在一起。

英国女王曾在给威尔士王子的信中写道："穿着显示人的外表，人们在判定人的心态，以及对这个人的观感时，通常都凭他的外表，而且常常这样判定，因为外表是看得见的，而其他则看不见，基于这一点，穿着特别重要……"

是的，英国女王并未言过其实。生活中，无论理性或非理性的观点，对人的印象是以衣着和仪容作为评价标准之一。

人体表面89%的地方为衣服所遮盖，人们视觉感受到的也几乎是服装。而服装的可塑性比体形大得多，从质地、样式、色彩到装饰，最能体现人的意志，给人以各种形式的美感，因而服装往往成为人们审美的趣味中心。因此，对于女人而言，没有服饰的美丽是万万不能的。因为，再也没有比让别人记住你的衣服从而记住你的更好的办法了。

张爱玲在《烬余录》里写到一个来自马来半岛的女同学苏雷珈，在战乱中撤离时还是设法把自己最显眼的衣服整理起来，在炮火下设法将那只累赘的大皮箱搬运下山。后来她在红十字会充当临时看护，穿着织锦缎棉袍蹲在地上劈柴生火，虽觉可惜，也还是值得的。那一身伶俐的装束给了她空前的自信心，不然不会同那些男护士混得那么好，一起吃苦、担风险、开玩笑，渐渐地话也多了，人也干练了。

现在，职场变化莫测的潮流使职业服装的选择变得更加复杂。以前的职业装十分简单，女性穿礼服或套装就可以去上班了。随着便装

——包括运动裤和裤套装——越来越为人们所接受，着装错误也随之发生了。记住这句格言：衣着要适合你想要的工作，而不是你已经得到的工作，这样你就不会犯错误了。短裙、性感服装、细锥高跟、没有擦的鞋子以及不合身或皱皱巴巴的衣服都不利于你达到自己的目的——至少在商界是这样。不管你喜不喜欢，人们不仅会注意我们着装的风格，而且也会注意衣服的质地。

英国历史上第一位女首相撒切尔夫人，是一位对别人的衣着毫不关心，却对自己的衣着非常在意的人物。她对自己的化妆、服饰非常讲究。在她身上，没有一般女人的珠光宝气和雍容华贵，只有淡雅、朴素和整洁。年青时，玛格丽特就十分注重自己的衣着，但并不标新立异、哗众取宠，而是朴素大方、干净整洁。从大学开始，她受雇于本迪斯公司。她那时的衣着给人一种老成的感觉，因而公司的人称她为"玛格丽特大婶"。每个星期五下午，她去参加政治活动时，都头戴老式小帽，身穿黑色礼服，脚蹬老式皮鞋，腋下夹着一只手提包，显得持重老练。虽然有人笑话她打扮土气，但她却有自己独到的见解：这样的打扮能在政治活动中取得别人的信任，建立起威信。她的衣服从不打皱，让人觉得井井有条是她一贯的作风。从服饰方面注意自己的仪表形象，对玛格丽特事业的成功的确起到了一定的作用。

视觉印象往往只需在7秒钟内形成。衣着和外表也是一种交流的形式。如果一位女性脚穿高跟鞋，身着缎衫和迷你裙并化浓妆，那么她表示的是性挑逗而不是职业上的交流。所以要想在工作中取得成绩，女性的穿着应该符合她的身份。你不必丢弃女子的温柔气质，但也不要穿得过于招摇。例如如果你是管理人员，那么不妨穿得像个经理。

作为一个要成功的职业女性，在着装方面必须忍痛告别最适合自己心情和性格的装束，放弃性感和时髦的市场流行，把自己镶嵌进一个符合大众时尚和职业要求的规则里。

职场经验告诉我们，如果一个女性想要尽快进入管理梯队，在事业方面有所作为的话，那么在着装方面，注意一定的着装细节是完全必要的。

这里有一个很典型的例子：有位女职员是财税专家，她有很好的学历背景，常能为客户提供很好的建议，在公司里的表现一直很出色。但当她到客户的公司提供服务时，对方主管却不太注重她的建议，她发挥才能的机会也就不大了。一位时装大师发现这位财税专家在着装方面有明显的缺憾：她26岁，身高147厘米、体重43公斤，看起来机敏可爱，喜爱着童装，像个小女孩。其外表与她所从事的工作相距甚远，客户对于她所提出的建议缺少安全感、依赖感，所以她难以实现她的创意。这位时装大师建议她用服装来强调出学者专家的气势，用深色的套装，对比色的上衣、丝巾、镶边帽子来搭配，甚至戴上重黑边的眼镜。女财税专家照办了，结果，客户的态度有了较大的转变。很快，她成为公司的董事之一，由此可以看出服饰对一个职业女性的重要性。

在职场上，顶好的着装规则就是中庸之道，不让别人一眼就注意到我们穿了些什么，却能够立刻发现我们值得信赖，精明，干练，是具有良好合作精神的好同事，是值得提拔的好下属。这样的着装才是合乎场合的，适应工作需求的。千万不能以特立独行的姿态，或者迂腐保守的样子出现在办公场合，那样是极不礼貌的，也许你的工作会因此而受到影响。

观察你公司中担任高级职位的成功女性，她们就是你着装的模范。

——如果你知道自己即将做报告，就穿正式服装，这种场合穿礼服或者套装总是不会错的。

——把购置服装当作对未来的投资。在自己每年的预算中，要有足够的钱购买几套真正够档次的衣服。如果你对自己的服装感到满意，你就会表现得更自信。

——为你自己做一个配色表。如果你的衣服与你的自然肤色相配，由此产生的效果会超乎你的想象。

关心自己的“面子”工程

对一张细致的脸说话要比对一张粗糙的脸说话有耐心得多——这是男人的观点。尽管男人说出这样的话使大多数女人不满，但这又确实是不争的事实。因此，女人的脸部呵护是极为重要的。与其同男同

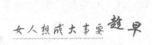

事来一番激烈的唇枪舌剑，倒不如好好关心自己的"面子"工程。

但大多数女性会说护肤过程比较繁琐，没耐心坚持。可你有没有想过，容光焕发的你万众瞩目时的得意？

打扮自己不仅是一种简单的护肤行为，更是一种自我调节心境的好方式，也是减压的好途径。因此，魅力女人的第一要点是：再忙也要"收拾"好自己。这同样也是对别人的一种尊重。

化妆的要点在于精致中却不露痕迹。装饰一定要恰到好处、点到为止，千万不可有"矫揉造作"之感，那就成了下品。

化妆要恰到好处，化妆太浓或太淡都会引起人们的注意。背对镜子站立，然后快速地转过身来，看着你在镜中的面孔。你第一眼注意到的是什么？那儿也许就是你需要使用较少——或者较多心思——化妆的地方。

女人不能靠头发生活，但是没有它又不能生活。谁没有为一个剪得糟糕的发型烦恼过？头发染的颜色也不对劲，那天可真是一个烦恼发型日。

我认为职场女性最常见的错误，就是把头发留得过长。一位女硕士毕业后，她向一位职业顾问请教升迁之道。那个顾问看着她漂亮的齐腰长发回答说："剪掉它，别再像幻游仙境的'爱丽斯'。"

在一个男性占主导地位的环境中，长发突显了女性气质，但却让人们对女性的能力产生怀疑。我们不知道这位硕士是否因为剪掉了头发而获得提升——不过，至少她自己都认为，剪掉头发后，人们确实改变了对她的态度。

好像有一条规律，头发长度与年龄成反比。随着年龄的增长，随着在公司的地位越来越高，你的头发应该越来越短。短发让你显得更加专业，而长发则易于突出人的脸部特征，随着年龄的增长我们肯定不想让别人看出我们的脸日渐衰老。

如果你不想把头发剪短，那就把它梳起来，这样会显得稍微短点儿。

饰品可以成为你最好的朋友——也可以变成你最坏的敌人。我最近看了一位女名人进行的一次电视节目。她穿着一套裁剪考究的套装——非常适合这次活动——但是她那枚商标似的大胸针，在我看来，却破坏了她谈话的效果。在整个谈话过程中，我发现自己关注得更多的不是她说了什么，而是想弄清楚那枚胸针是怎么回事儿。

精心挑选的饰品能够使本来保守的工作装显得更有风格和个性。它们传递出的信息，仅仅通过你的言行举止也许是不能获得的。但是如果着装不合时宜或者过分夸张，人们就会认为你不可靠。饰品也有自己的"语言"，考虑一下，想让你的饰品说些什么？

优雅的气质打造女人魅力

谈吐不俗，举止优雅，是一种美，一种境界。优雅，是一个人给予别人的从内到外的整体的美感，是一个人的品格、涵养、气质、心态等内在魅力，与言谈、举止、形象、风度等外在魅力的完美融合。优雅，是女人魅力的至高境界。

宋庆龄是中国近代伟大的革命者之一，也是国际上公认的"20世纪最伟大的女性"之一。她出身名门，毕生致力于民族和世界人民的事业，为人民解放、民族团结、国家统一、国际友好、世界和平、妇女进步与儿童福利事业的发展做出了巨大的贡献。接触过她的人都知道，具有崇高风范的她，也是一位极其优雅的魅力女性，而这都源自她青年时代的自我充实和自我培养。

宋庆龄从小就是一个温文尔雅的孩子。一次，妹妹美龄与几个顽皮的男孩争吵起来，双方竟用石头对打。正在这时，小庆龄走过来，站在她们中间，说："都不许扔了，这是野蛮行为。"

宋庆龄少年时是个美丽而腼腆的小姑娘。她年仅15岁，就远渡重洋到美国读书。在美国学习期间，她除了学好学校规定的课程外，还经常到图书馆借相当多的历史、文学、传记等书籍来看。她的智慧修养的形成，不仅源于良好的家风家教和先进的学校环境，更源于她酷爱读书的生活习惯。

宋庆龄升入大学后，更加勤奋好学。她学的专业是文学，但同时对历史、哲学也表现出浓厚的兴趣，孜孜不倦地阅读大量历史、哲学

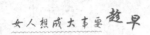

方面的书籍，博闻强记，寻奥探奇。在知识海洋的畅游中，她进一步成长为一个与众不同的女孩。

经过了青年时代的不断学习和修炼，进步思想和崇高的人生观在她的头脑中已经深深扎下了根。她秀丽端庄、温雅娴静、雍容大方、沉着稳重、睿智坚强，言谈举止中无不流露出一种优雅的气质。也正是青年时代的这种自我培养，奠定了她日后一生的气质和风格，使她能在后来的人生抉择中坚持原则、不受利诱、不计利害，形成了最高境界的人格魅力。

真正的优雅来自内心，只有拥有优雅的内心才会有优雅的仪态。真正的优雅无法伪饰，它来自你所受的教育、你的自身修养以及你的美好天性的培植与发展，是人的个性的完整体现和融合，每个人所能培养出的优雅气质，只能属于她自己。

看过《新白娘子传奇》这部电视剧的人都会记住赵雅芝这个名字，她扮演的白蛇白素贞温柔美丽、气质优雅，深得人们的好评。而现实生活中的赵雅芝也是气质优雅的女性，虽然现在她已经年过半百，但站在娱乐圈那些女星中间的她，仍然以其优雅的气质吸引着人们的目光。

一个女孩可以长得不漂亮，但一定要做到优雅。岁月可以侵蚀掉花容月貌，但却不会使一个人真正的优雅有丝毫的减损。因为优雅一旦植根在人的身上，就会与她的灵魂相契相合，如玉石般蕴藏着永恒的美感，那感觉日益醇厚。

真正的优雅，可以驱散面容的缺陷，抵制岁月的侵蚀，几乎结合着所有的内在美；所以女性要走向优雅，一定要充实内心世界，注重心灵锤炼，让美好的气质在自己的身上、自己的心中生根发芽。

一笑一颦俱现女人神韵

微笑是一个了不起的表情，无论是你的客户，还是你的朋友，甚或是陌生人，只要看到你的微笑，都不会拒绝你。微笑给这个生硬的世界带来了妩媚和温柔，也给人的心灵带来了阳光和感动。所以，一个女人脸上真诚的微笑的确比那些昂贵的脂粉更能透出魅力。

美丽的笑容，犹如桃花初绽，涟漪乍起，给人以温馨甜美的感觉。如果女子在各种场合能恰如其分地运用微笑，就可以传递情感，沟通心灵，甚至征服对手。

微笑是你最好的武器，微笑可以最直接地得到对方的好感，还会意想不到地得到对方的原谅。王岩是某公司的头头，他对我谈起公司员工时曾说："我特别喜欢新来的那个小张的微笑，总是很亲切很善意的样子，如果她出点小错误也不会责怪她。"可见，女人行走在职场，和别人交往时如能保持微笑，不管是对已经很熟的同事，还是没见过几次的陌生同事，都能赢得好感。如果在电梯或洗手间遇到同事，即便不说话，只报以微笑，也会给别人留下很好的印象。

美国南部有一位卓越的节目主持人，她举办的活动非常成功。有人向她请教："你主持的聚会是近年来最精彩的场面，你的诀窍是什么呢？"

她说："我尽量只邀请快乐的乐天派人士。我注意观察两个人不同的性格，把怨天尤人的牢骚者从下次集会的名单上划掉。"

俗话说：笑一笑，十年少。仔细观察一下你周围的人就会发现，乐观的人确实与众不同。她们看起来似乎比实际年龄要年轻一些。同时，她们的快乐会很快传播给别人。人们都喜欢和乐观的人在一起。

笑是可以感染的。你是否在风光影片中见过那位生长在南方鸟屿的小伙子露出歪斜牙齿的笑容？尽管皮肤被晒得黝黑，但对于他那开朗的笑容和发亮的眼睛，你肯定会不自觉地做出反应。

笑容能增添一个人的魅力，试想一下，一个女子美艳无比，但是冷若冰霜，另一个女子相貌平平，但是脸上时常展现出迷人的笑容，你愿意与哪一位交往呢？肯定大多数人都愿意与后者交往，这就是笑的魅力。

在瞬息万变的现代社会，激烈的竞争无所不在，而在当今社会的竞争中，如何脱颖而出，成为掳获人心的胜利者，最伟大的力量，就在于那一个灿烂的微笑。

让眼睛替你说出心中的话

兰蔻的代言人，名模 Daria Werbowy 在被记者问到魅力的秘诀是什么时，她说："眼睛。眼睛是人与人交流的窗口。当你看着某人时，你从他们眼中可以看见悲伤、愤怒或者快乐。你可以看见他们的灵魂。我是一个用眼睛沟通的人。"

眼睛是心灵的窗户，很多微妙的感情，都可以从眼睛里得到明确的答案。眼睛里包容了太多的密码，蕴涵了太多的深沉。

一个女人最迷人的也许不是她的眼睛，而是那让人难以捕捉而又略带神秘的眼神，她用目光诉说了女人的娇媚与温婉。

女人因含蓄赋予了眼神更丰富的内涵，特别是在表达情感时，眼神的作用发挥到了极至，"眉目传情"、"暗送秋波"、"含情脉脉"、"流波转盼"等，都是形容女子爱慕和渴望男子时心思的自然流露。

在一项研究中，请男人观看许多美丽女子的照片，结果发现他们特别喜欢瞳孔大的女性照片，这种照片使男人的瞳孔放大了 30%。所以在意大利文艺复兴时期，当时的女性常在与男子出游前，用莨菪（一种开着小黄花的有毒植物）点在眼中，人为地放大瞳孔。

在人们兴奋时，瞳孔会不自觉地扩张。因此瞳孔放大的漂亮女性向男人传达的信息就是：你真吸引人！这使得他们的瞳孔也展开身体语言作为回答。

眼神可以反映出人内心深处的一切情感波澜，或喜悦或哀怒，或烦躁或安静。不同的眼神表达不同的情感。因此，女人在人际交往中要用好自己的眼神。热情洋溢的眼神，表示友好和善意，认同别人赞美别人；轻蔑、傲慢的眼神，意味着拒人于千里之外，一般人难以与之接近；深邃、犀利的眼神，是睿智、力量的象征，与之交往会得到启迪；明亮、欢快的眼神，是胸怀坦荡、乐观向上的表现，与之交往无需设防；贪婪、猥琐的眼神，流露出欲望极强的本性，则需要加以提防；阴险、狡黠的眼神，意味着为人的狡诈和刻毒，与之交往更要小心谨慎，如此等等。

好多女人在说话时不敢抬起头来看对方，一副羞答答的样子，以为自己很美。其实，这是十分不礼貌的行为。和别人交谈时，你应该注视对方的眼睛，此外，你还要记住：不要不停地眨眼睛，也不要移动眼神。

所以说，眼睛是心灵的窗户，眼神则是这扇窗户的色彩。当你的眼神暗淡无光，当你的眼神冷漠呆滞，你失去了魅力。每个人的眼神都不相同，一百个人就有一百种眼神。眼神可以控制而变化，学会运用自己的眼神，让它如湖水，如太阳，如月光，如蓝天，让它如蔡琴的歌中所唱的那样："虽然不言不语，却叫人难忘记……"

在声音中加入磁性

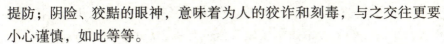

谈吐是魅力的组成部分。谈吐不仅指言谈的内容，而且包括言谈的方式、姿态、表情、速度、声调等。女性的谈吐是学问、修养、聪明、才智的流露，是成功的因素之一。与人交谈，既有思想的交流，又有情感的沟通；任何语言贫乏、枯燥无味、粗俗浅薄的人，都会使人感到厌恶。如果女人的谈吐既有知识、趣味，又能用丰富的表情和优美的声音来表达，那将会达到意想不到的效果。

声音是女人裸露的灵魂。女人温顺的声音能征服男人，越有阳刚气的男人越是会被温顺的声音所吸引。

有人说，女人温顺的声音是酒。男人迷恋女人的声音，但如果女人声音不谦和，不真诚，男人的自尊就会受到伤害，一旦反感了某种声音，那么他永远也不想再次见到这个女人。而趾高气扬的大嗓门不但让男人敬而远之，也让女人不愿意接近。

有人说声音是天生的，没有办法改变，其实不然，声音是可以训练和改变的。

（1）说话时的音质

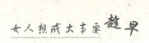

音质虽然是天生而无法改变，但多少还是有办法弥补的。比如，声音特别高亢的人，不妨尽量试着压低声音，沉稳的声调最适于商业场合，但也毋须为此而矫揉造作。重点在于注意正确姿势和呼吸方式，咬字明确清晰，在适当时不妨说得大声一点，以显示蓬勃朝气。

有些谈话虽然在内容上没有独到的、吸引人的地方，但说话人那动人的声音，却使人觉得是一种享受，女性的优美嗓音是很动人的。

（2）说话时的表情

表情要诚挚专一。真诚的态度能唤起人们的信任，加深了解，增进友谊。虚情假意、装腔作势、夸夸其谈、外交辞令都会使人生厌，从而可能失去与对方交往的机会。一个很好的交际形象，目光应该是坦然的、亲切的、有神的，与此同时，还要做出积极反应，把自己的想法和感受通过点头、微笑、手势、神情、体态等方式随时表露出来。

（3）说话时最好面带笑容

与人说话面带喜色或嘴角含笑是比较合宜的一种表情，与对方说话，面带微笑会使对方感到你与他（她）的交往十分高兴，这无疑也会使对方在心理上感到轻松，进一步增进说话的融洽气氛。当然，笑也需要掌握分寸，区别时间与地点，否则是一种失礼的行为。

（4）说话时要控制声音

声音不必太高，更不能像跟人吵架似的，说话的语调要尽可能沉稳和亲切一些，这样会使对方觉得你待人真诚，也容易收到较好的效果。

一般而言，速度太慢、太快或口齿不清容易令人感到幼稚；相反的，速度太慢或语气延滞就显得毫无生气。不过这些毛病均可由加强练习而矫正过来，不必为此而产生自卑。

（5）说话要节制

在社交中，谈话要有节制，达意抒情，不能令人生厌。因为说话可能表现出你的开朗、诚恳，也可能表现出你缺乏自制力、虚伪，女性的沉默有时也是一种交际语言，会收到意想不到的效果。

可见，女性如能适当使用自己的语言表达能力，才有希望成为社交的中心人物，人们都会被你的独特个性所吸引。假如你是一个漂亮的女性，它将使你更加美丽；假如你是一个相貌平平的女性，也因此会增添光彩。

第八章　有能力的人影响别人

女性特有的优势是前进时最锋利的利器。

女人想成大事要趁早

社交天分——女人最独特的智慧

　　学会沟通，善于沟通，是一个当代女性一定要具备的本领。假如你懂得将这种本领充分融会贯通、得心应手地运用在你的生活与工作之中，你会发现，你原来也是颇受他人欢迎的人。女性想要取得成功，除了努力培养你的工作能力，出色的沟通能力更是获得他人认可、尽快融入团队的关键要素。

　　你是否看到过这样的现象：不少即使是很能干的男性也感到棘手的事，派一位女性前去办理，便能收到出奇满意的效果。在女性参与社会活动范围急剧扩大的今天，交际中怎样发挥自身的巨大优势，已成为众多女性所急切探讨的热点问题。

　　由于生理和心理方面的原因，女性自身形成了共有的特点。例如：环境适应性强，善于与陌生人接触沟通；语言表达能力好，说话声音流利清晰，乐于跟人交谈；感受细腻深入，性情温柔亲切，为人谦和善良，更能使人容易接受并喜欢。在与男性打交道时，这些性格会让他们感到轻松、愉快，无形中消除许多与同性交往时产生的戒备和争斗欲望，营造了和谐轻松的理想气氛；而在同性之间，你能谦虚善意地待人，凡事肯让人三分，满足她的自尊，自然也会使人感到可亲可近。事实上，绝大多数待人谦和的女性都能在各种人际交往中，充分展现女性特有的优势，一般总会获得明显的良好效果。诚然，这只是指通常情况而言，具体到个人，因为性格、工作和生活环境迥然不同，人与人交往的方式风格也有极大的差别。而彼此各异的交际风度，必然会引发差异甚大的心理效应。如活泼热情让人更愿意接近；文静慎重给人以深刻、沉稳的感觉；谦逊随和、善解人意多被誉为"大姐之风"；潇洒大度则具有很强的个人魅力。

　　人际关系处理协调与否，还会影响女性管理者的工作情绪和精神状态。一些女性管理者对人际关系的心理承受能力较差，她们特别关心别人对自己的评价和态度，一旦人际关系紧张，她们就有可能感到紧张，失去了冷静分析问题的能力，陷入事业成功与人际关系的内心冲突之中，进而影响到领导的情绪和精神状态。

希拉里成为了奥巴马组织新政府中的国务卿，使她更成为一个名扬四海的女人。不可否认，比尔·克林顿在其中起了一定的作用，但是，她凭借自己的交际本领，使自己正一步步走向辉煌。

希拉里的杰出智慧和坚毅个性，丝毫不逊于她名震四方的丈夫比尔·克林顿。早在1992年的选民见面会上，她雄辩的口才和不失优雅的风度，不但给人们留下了深刻印象，而且为克林顿入主白宫立下汗马功劳。一位选民惊呼："怎么是比尔·克林顿而不是她竞选总统？"

一上任纽约州的参议员，她就一改贤妻良母的形象，脱掉了第一夫人的紧身胸衣，穿上了富有个性的时装。现在，她常常随意地把双手背到身后，摆起威严的军姿。奔走游说的她在交际场上比任何一个男人更出色。

当然这并不是说，这位纽约州参议员已经脱去了她女性的特性。实际上，她正在利用自己身为女人的有利条件，对参议院的男人们施展磁石般的魅力。民主党的肯尼迪参议员走向议会大厅发表演说时，总是发现有两道充满钦羡和敬仰的目光在注视着自己。他知道那是希拉里温柔的目光。他对希拉里的评价是："她以一个经验丰富、学识渊博的政治领导人的面目出现在参议院，她有自己的观点，工作努力，善于倾听别人的意见，赢得了所有人、包括过道那一边的人（即共和党人）的尊敬。有些人曾等着看她的笑话，可最终他们打消了这个念头。他们喜欢上她了。"

希拉里时常和共和党的男参议员们开些小玩笑。在参议院的走廊上，她举手投足之间俨然又是一个比尔·克林顿。一位参议员的助手说："她总是在含笑点头。看到她的微笑，会使人们觉得，当有人大骂她的丈夫克林顿时，她也会和那人拥抱。"

2001年5月，耶鲁大学学生选中了希拉里做他们班级里的发言人。她激励毕业生们，要"敢于竞争"、"勇于关心"。显然，大多数学生把她视为行动的楷模。2001届毕业生格兰特·查文说："15年之后，我仍会记得希拉里·克林顿在我的毕业典礼上的讲话，而不会记得那些所谓的桂冠诗人之类的角色。"另一位学生雷切尔·伯杰说：

"作为一个女人，获得如此程度的成功，可以想见她为此做出了何等的牺牲。"2001届毕业生阿莱娜·巴托里说："我并不是希拉里的狂热崇拜者，但是她的生活经历对我是很好的借鉴。她做到了'敢于竞争'、'勇于关心'，她是个楷模。"

这就是希拉里。她为自己，也为美国的历史，书写了全新的篇章。

女人有天赋的社交才能，女人的魅力就是女人社交的资本，女人要善于运用社交为自己创造各种各样的机会。随着社会的进步，女性参加社会活动的机会越来越多，女性从社交中获得的益处也会越来越多。

美妙关系是编织出来的

人生在世是依赖于各种关系的，而美妙关系是编织出来的。编织这个词用得特别好，比如我们编筐吧，编筐仅用竖条编肯定不能成为筐，仅用横条编也不行，还得收口，还得编梁才能完整。

说起编筐，"编筐斡篓不会收口，饿死半个家口"，收口是什么，就是把那些东西加重了力度，把它们拧在了一起，一个盘一个，一个盘一个，最后将它封住，上面再加一个最结实的梁，能和整体融为一体的梁。

如果一个女人能让你的生活变成一张网，如果你有能力，什么大鱼，小鱼，什么虾，全都可以网进来，之后你要什么留下什么，不要你再扔出去。如果你不是网的话，你就是一根单线的话，那你什么也得不到。

女人要想成功，就要学会交际，就要打造成功的交际网，为自己储备左右逢源的人脉资源。

人际交往中不只是蕴涵着大量的成功机会，更重要的是其扩充和丰盈着我们的人生。就女人来说，假如你要在事业上获得更进一步的发展和提升，你一定要学会编织并维护好你的人际关系网络。

有位职业生涯规划专家指出，10%的成绩、30%的自我定位以及60%的人际关系网络才是共同使我们达成理想的标准因素。对女性来说，这往往是一项艰难的任务。事实上，不只是她们在办公室里取得的工作成绩和她们的专业知识，还有她们的自我公关能力和良好的关系网才促使她们在职场上游刃有余并魅力无穷！要知道：倘若你的上司们对你毫无印象，他们怎么会在重要的时刻想起你呢？这其中，人际交往的作用最为关键。

要成功，不仅仅在于你的工作做得怎样，还要看你认识什么人，而且有什么人知道你所做的工作。

如果你不走出来建立和培养这些关系，它们就不会存在。它们会萎缩，而能帮你更上一层楼的人——就只有你自己了。可你独自一人是无法高飞的。

如果你在一个晚宴上发出了100张名片，而收回了120张名片，那证明你不错；如果你发了100张只收回70张，那么你要想想你在哪儿出问题了。

社交场上，有两类女人最引人注目，一类是特别亮丽的女人，一类是非常智慧的女人。然而若前者以卖弄姿色为本钱，便流于庸俗；后者如口若悬河，便有浅薄之嫌。聪慧精明的女人从事社交不带盲目性，她们极懂分寸和火候，善于进行感情投资为自己事业积累人际基础，有人说善于交际的女人圆滑老道，其实交际的要义不是圆滑，而是真诚，这真诚便是一种"润滑剂"，使她的人际关系得以滋润，做起事便容易成功，"人和"，"人气"便旺。

社交场上，一般有两种人，一种带有强烈的功利色彩，一种则以广交一些朋友为目的，因而她们在社交场上的表现往往很不相同。前者往往是有强烈的表现欲，后者则显得比较平和，那些滔滔不绝的说客和席间窜来窜去的活跃分子，往往被别人敬而远之。相反那些善于倾听，默默观察不动声色的女人们往往最容易找到自己喜欢的友情。

女人交友讲究一个"缘"，投缘而交，比较感性，喜好者近，厌恶者远。所以女人与人交往的能力极强也极为脆弱，三香两臭的情况甚多。而商场上的女人大多在交往中抱有功利目的，因而她们较为坚强，与人相处不太受情感支配，成功的社交经验总结为"持之以恒"。

魅力女人不是社交场上的花瓶、玩物、点缀或香水，她应是受人瞩目与宠爱且深感身心愉快的精灵；她的姿色与年龄并不至关重要，但两件随身拥有常备不懈的法宝令她在交际场上长盛不衰，这就是健康的心态和明媚的笑容。

既然女性相对男性，在这些方面具有自己的优势，那么，就应该扬长避短，充分展现女性在社交中的作用和魅力。

到了下班时分，来自家庭、恋人以及朋友的吸引力是巨大的。不过我劝你将工作时间延长至傍晚，即便是每个月仅仅一两次也行。一位纽约房地产经纪人回忆说，她刚参加工作的时候，总是强迫自己和男同事们做伴，参加下班后的棒球比赛、聚餐活动，甚至郊外远足。她承认，因为是自己单身所以比较容易做到。"别的女士不是已婚就是有朋友，感到不得不一下班就往家赶。我认为，我自己所以获得了成功，是因为我能发展关系而那些女人却错失了良机。"

你不必每逢有外出活动或者行业晚会就参加，但也不能养成老是离群索居的习惯。

在现实生活中如何进行交往是有许多技巧和经验可循的，下面就提供一些成功与人交往的技巧，以供参考：

（1）与每个人保持积极联系

要与关系网络中的每个人保持积极联系，唯一的方式就是创造性地运用自己的日程表。记下那些对自己的关系特别重要的别人的日子，比如生日或周年庆祝等。打电话给他们，至少给她们寄张卡片让她们知道你心中想着她们。

（2）组建有力的人际关系核心

选几个自认为能靠得住的人组成良好、稳固、有力的人际关系的核心。这首选的几个人可以包括自己的朋友、家庭成员和那些在你职业生涯中彼此联系紧密的人。她们构成你的影响力内圈，因为她们能让你发挥所长，而且彼此都希望对方成功。这里不存在勾心斗角的威胁，她们不会在背后说你坏话。并且会从心底为你着想。你与她们的相处会愉快而融洽。

（3）推销自己

与人交谈时尽可能地推销自己。当别人想要与你建立关系时，他们常常会问你是做什么的。如果你的回答平淡似水，比如只是一句"我是一位电脑公司的一名职员"，你就失去了一个与对方交流的机会。比较得体的回答是："我在一家电脑公司负责软件的开发工作，主要开发一些简单实用的软件程序。平时闲暇时，经常打打乒乓球、羽毛球，并且热爱写作。"在短短的几秒钟的时间里，你不仅使你的回答增添了色彩，也为对方提供了几个话题，说不定其中就有对方感兴趣的。

（4）无益的老关系不必花太多时间维持

不要花太多时间维持对自己无甚益处的老关系。当你对职业关系有所意识，并开始选择可以助你一臂之力的人时，你可能不得不卸掉一些关系网中的额外包袱。其中或许包括那些相识已久但对你的职业生涯无所裨益的人。维持对你无甚益处的老关系意味着时间的浪费。

（5）遵守关系网络守则

在交往中不能总做接受者；如果你仅仅是个接受者，无论什么网络都会疏远你。搭建关系网络时，要做得好像你的职业生涯和个人生活都离不开它似的，因为事实上的确如此。

时刻提醒自己要遵守关系网络的规则，不是"别人能为我做什么？"而是"我能为别人做什么？"在回答别人的问题时，不妨再接着问一下："我能为你做些什么？"

（6）要常出席重要场合

多出席一些重要的场合。因为重要的场合可能会同时汇聚了自己的不少老朋友，利用这个机会你可以进一步加深一些印象，同时可能还会认识不少新朋友。所以要常出席对自己关系很重要的活动，不论是升职派对，还是其女儿的婚礼。

（7）以最快速度去祝贺他

遇到朋友升迁或有其他喜事要记得在第一时间内赶去祝贺。当你的关系网成员升职或调到新的组织去时，祝贺他们。同时，也让他们知道你个人的情况。如果不能亲自前往祝贺时，最好也应该通过电话或电邮来表达一下自己的友谊。

（8）富有建设性地利用自己的商务旅行

如果你旅行的地点正好邻近你的某位关系成员，不要忘记提议和他共进午餐或晚餐。

（9）帮助他人

如果朋友遇到困难时应及时安慰或帮助他们。当他们落入低谷时，打电话给他们。不论你关系网中谁遇到麻烦时，立即与他通话，并主动提供帮助。这是表现支持的最好方式。

搭建关系网络时，要做得好像你的职业生涯和个人生活都离不开它似的，因为事实上的确如此。

你是鱼，团队是水

学生时期，女生通常只需要那么一两个知心好友就足够了。三五个好友聚在一起吃饭、逛街，甚至同去洗手间对她们来说就已经是很满足的事情。当然，在一起的时候她们肯定有聊不完的八卦和感情问题。女人们的八卦其实就是交换情报和增加感情的手段，她们会在八卦信息的交流中构建一个彼此毫无秘密可言的平台。但是男人却截然相反，就算是彼此交换过一两个秘密，他们的友情也不会持续很长时间。从很小的时候开始，男生们就喜欢围拢在某个"领导者"的身边构成一个小团队，开始懂得为共同的目的或需要而共同进退。而那些还没有团队可以加入的男孩则对团队成员羡慕万分，千方百计地想要参加进去。很多成熟的女性有时候还觉得他们这种组队结群的行为非常幼稚。

其实，男生的这种心理和行为其实并不能简单的称之为幼稚。小时候跟着自己的"老大"在街头打群架的行为基本就是为男人们在参加工作后产生团队向心力所打的预备战。小时候，几乎每一个男孩子都和众多同龄朋友一起玩过团队游戏，比如战争游戏等，弱者被强者驯服就是那些游戏告诉他们的法则。可以说，男人们从小就开始被动或主动地接触到了团队精神。姑且不论这是先天还是后天性的原因，男人们的团队精神的确普遍都要比女人们强很多。因为从小时候开始，他们就觉得这种玩法再自然不过，这其实就是最重要的心态问题，一直以来团队就是生存方式，他们对团队生活早已习以为常。

和男人相比，女人们在道德性、伦理性、母性等方面有着独特的天分，但她们在团队精神方面却处于明显的劣势。她们不知道团队中领导者的权力可以如何发挥作用，也不想费神分析怎样形成组织结构图。其实，了解权势的力量就可以帮助自己迈向一个新的高度，得到梦寐的地位，从而让奋斗的目标变得更加明确。可惜很多女性朋友却对此丝毫没有察觉。

在团队里想要埋没一个人是很简单的，如果得不到团队的信赖，无论那个人有多么出色的能力也不会有机会展现出来，最终也只能黯然退场。有些女性经常抱怨说明明工作很认真，但受到批评的总是自己，正是这个原因。

如果想要成为一个团队中的领导者，首先要理清楚团队内部的人际关系，从而了解到团队内部的一切关系纠葛。任何一个想要攀到更高点的人都必须去关心这些东西。只有充分了解团队内外的权利结构图，才能找到对你有益的方向去努力。其实，这里所说的权力结构图可以有很多种理解方法，但其基本原理却都是要随着进一步对信息的分析而不断更新提炼。例如说某位人事部长因为一些内部的原因而调到了别的部门，可是你却过了很久还没有得到这个消息；一位领导因经营管理上出现了失误而将被"发配"到海外，但是你却依然当他是最有前途的领导而卖力地结交……这些都是不可原谅的错误，只会令人在背后取笑，连后知后觉都算不上。

不过你还要随时牢记一点：不论你现在的权力有多大或者周围的人际关系有多复杂，对你来说有直观影响力并真正能左右你前途的人永远是你的上级领导者。你的直属上司掌握着你的事业命门，如果得不到他的承认，你的工作能力就不会得到其他人的认同，晋升更是白日做梦，甚至还有可能丢掉工作。一些自以为聪明的职员很容易犯这样一个错误，那就是对表现颇为无能的上司轻视和鄙夷，这无疑是自掘坟墓。因为，那些看起来没有本事的上司可能并没有表面看上去的这么软弱，一般企业绝对不会吸收一个无能的职员放到领导者的位置上；当然，这位上司也可能的确是能力不足。毕竟谁都会犯错误的。但重要的是，职员无论如何也不应该明显表露出对上司的不满，更不应该和人私下谈论。

用微笑去面对陌生环境

　　对于一个职业女性来说，由于工作的需要，要跟很多陌生的客户和环境打交道，职责所在，必须要完成上级交代的任务，那么如何调整和处理自己面对陌生环境的心理状态，就是至关重要的。

　　人们常说"微笑是最美的表情"，和陌生人交往，微笑是拉近彼此距离的最好武器。更重要的是，要用一种微笑的心境来面对一切陌生，可以更大程度上减小对陌生的恐惧感，让自己以一种自信平和的心态来处理问题。

　　当你面对陌生的工作岗位、陌生的上下级，如果你把自己伪装起来，给对方一张严肃的面孔，那么你会发现，你在工作中的障碍会越来越多，很多工作甚至根本就无法展开，你的下级也对你有了天然的抵触，你交代的工作他们不是马上去完成。你和下级、上级之间就像有一道无形的墙隔着，互相之间有了提防，那就人为地给团队的团结加入了分解剂，而不是黏合剂。但如果你展现的是一张微笑的脸，无形中给人一种亲近的感觉。你的微笑就会化解他们的抵触情绪，他们也愿意试着了解你，彼此的感情就会有增进的机会和可能。这才是团结的黏合剂，工作也会因此变得顺利起来，你的身旁增加的是朋友，而不是敌人。

　　社交场合，微笑就像一种润滑剂，聪明的女人比男人更善于利用它。有时候，争得面红耳赤或剑拔弩张的双方往往只需女人一个微笑、一个眼神或一句息事宁人的话语彼此就能火气顿消，甚至握手言欢。而男子则往往做不到这一点。据美国社会心理学家南希·亨利的实验表明，在社交场中，有89%的女性善于微笑，男子只占67%，还有26%的男子不会回报女子的微笑。在做广告时，也大多以女性为主，因为她们懂得用迷人的微笑获得人们的心，而男性做广告时，往往给人留下一个"严肃呆板"的印象。

　　学会在陌生的环境里微笑，还是一种自尊、自爱、自信的表现。微笑是人类面孔上最动人的一种表情，是社会生活中美好而无声的语言，她来源于心地的善良、宽容和无私，表现的是一种坦荡和大度。微笑是成功者的自信，是失败者的坚强；微笑是人际关系的粘合剂，也是化敌为友的一剂良方。微笑是对别人的尊重，也是对爱心和诚心的一种礼赞。

　　有一位老太太，她的生意做得非常好。其中一个很重要的原因是她善于微笑。有一次她谈到自己的成功经验。

　　她说，在这个世界上我给别人一个什么表情，别人就回报我一个什么表情。我给对方一个怨恨的表情，对方就回报我一个怨恨的表情；我给对方一个善良的微笑，对方就回报我一个善良的微笑。

　　她继续说，我的经验就是，当你把一个微笑面对千百个人的时候，千百个人回报你的是千百个微笑，这样，你的人生就成功了。

　　老人说得非常好。的确，微笑是上帝赐给人们的一种专利。在陌生的环境里学会微笑，你就学会了怎样在陌生人之间架一座友谊之桥，也掌握了一把开启陌生人心扉的金钥匙。

交流是"施"与"与"的互动行为

　　人是需要关怀和帮助的，尤其是十分珍惜自己在困境中得到的关怀和帮助，并把它看成是"雪中送炭"，视帮助者为真正的朋友、最好的朋友。

　　种子撒落在路上，到了春天，我们就看到了一条鲜花小路。

　　种子撒落在人心里，时间会让我们收获意外的惊喜。

　　成功并不是偶然所得，它还需要你在与人交际中注意一些小细节，为成功储存必要的能量。

　　女人要有好人缘，要讨人喜欢，应该注意这样一个问题——为别人考虑。为别人考虑的女人会在别人开口要求援助之前，说："有什么我可以帮你的吗？"这样的女人谁不喜欢呢？

相反，有些女人明明有时间有能力可以帮助他人，但她们却不愿意做，总是只管自己的需要，这样的女人保护了自己的一点点利益，却失去了大家的心。可谓因小失大，捡了芝麻丢了西瓜。生活中，那些成功的女人是绝不会干这样的蠢事的。

"施"与"与"并不一定会种瓜得瓜。你帮了这个人并不表示这个人日后一定要对你有所回报，但是如果你赢得了绝不吃亏的绰号，你日后人际关系的建立将有困难。

费雯丽是一位优秀的艺人。她除了拥有精湛的演技以外，她还总是懂得为别人考虑，内心充满了善良的心境。她曾被邀参加一场慰劳第二次世界大战退伍军人的表演，但她告诉邀请单位自己行程很紧，连几分钟也抽不出来；不过假如让她做一段独白，然后马上离开赶赴另一场表演的话，她愿意参加。安排表演的负责人欣然同意。

当费雯丽走到台上，有趣的事发生了：她做完了独白，并没有立刻离开。掌声越来越响，她没有离去。她连续表演了 15 分钟、20 分钟、30 分钟，最后，终于鞠躬下台。后台的人拦住她，问道："我以为你只表演几分钟哩。怎么回事？"

费雯丽回答："我本打算离开，但我可以让你明白我为何留下，你自己看看第一排的观众便会明白。"大家一看，第一排坐着两个男人，两人均在战事中失去一只手。一个人失去左手，另一个则失去右手。他们正利用两人各自仅剩的一只手在热烈地拍掌，而且拍得又开心，又大声。

俗语说："两人一般心，有钱堪买金；一人一般心，无钱堪买针。"声学中也有此规律，叫"同频共振"，就是指一处声波在遇到另一处频率相同的声波时，会发出更强的声波振荡，而遇到频率不同的声波则不然。人与人之间，如果能主动寻找共鸣点，使自己的"固有频率"与别人的"固有频率"相一致，就能够使人们之间增进友谊，结成朋友，发生"同频共振"。

共鸣点有哪些呢？比如说：别人的正确观点和行动、有益身心健康的兴趣爱好等，都可以成为你取得友谊的共鸣点、支撑点，为此，你应响应，以便取得协调一致。当别人飞黄腾达、一帆风顺时，你应为其欢呼，为其喜悦；当别人遇到困难、不幸时，你应把别人的困难、不幸当做你自己的困难和不幸……这些就是"同频共振"的应有之义。

（1）帮助别人是全方位的

帮助别人不一定是物质上的帮助，简单的举手之劳或关怀的话语，都能让别人产生久久的激动。如果你能做到帮助曾经伤害过自己的人，不但能显示出你的博大胸怀，而且还有助于"化敌为友"，为自己营造一个更为宽松的人际环境。

（2）当你帮助别人时，不要觉得自己有多么了不起

你帮助别人是因为你喜欢，否则就不要帮助。记得不要一副看起来好像你在期望回报什么东西的样子。

（3）给人帮忙要雪中送炭

多给人帮助是好的，但是先要知道人家需要的是什么，就像送礼物一样，你应该送他需要的东西，而不是送他有的东西。

（4）不要做自己办不到的承诺

宁愿说自己无法立刻做到，也不要在别人把事情交给你后，才发现你无法实现你的承诺，而时效已过，事情已经无法挽救了。

赞美的语言最动听

林肯说过："每个人都喜欢被赞美。"赞美之所以得其殊遇，一在于其"美"字，表明被赞美者有卓然不凡的地方；二在于其"赞"字，表明赞美者友好、热情的待人态度。人类行为学家约翰·杜威也说："人类本质里最深远的驱策力就是希望具有重要性，希望被赞美。"因此，对于他人的成绩与进步，要肯定，要赞扬，要鼓励。当别人有值得褒奖之处，你应毫不吝啬地给予诚挚的赞许，以使得人们的交往变得和谐而温馨。

赞美可以使人奋发向上，促使人积极进取，几句适度的赞美，可使对方产生亲和心理，消融彼此间的戒备心理，为交际沟通创造良好

的氛围。喜欢赞美，是人的天性，在交谈中，真诚的赞美和鼓励，能满足人的荣誉感，使人终身难忘。

说句简单赞美的话，不是一件难事，生活中处处有值得赞美的地方，任何人都有他的优点和长处。不十分漂亮的人，可能有着"优雅的气质""善良的心灵"；做工不甚讲究的衣服，也许质地优良；事业不很顺心的人，可能有着完美的值得称羡的家庭……总之，只要你愿意，并且以真诚之心去发现，一个人总是有值得你赞美之处的。

有的女人很难看出别人可赞美之处，那是因为关注自己太多，即使赞美，也不是出自真心。古语说："精诚所至，金石为开。"只有真诚的赞美，才能使人感到你是真的发现了他的优点，而不是以一种功利性手段去分享他的利益，从而达到赞美的最终目的。

真诚地赞美与阿谀奉承有着本质的区别。菲力普说："很多人都知道怎样奉承，很少有人知道怎样赞美。"赞美具有诚意，阿谀没有诚意；赞美是从心底发出，阿谀只是口头说说而已；赞美是无私的，阿谀完全是为自己打算。因而人们喜欢赞美而厌弃阿谀奉承。

赞美是一门需要修炼的艺术，但只要你窥破了它的"秘诀"，你不但能赞美别人，而且能如意地得到别人的赞美。

（1）知己知彼，"投其所好"

赞美别人之前，必须掌握对方的基本情况，如对方的优点和长处，他的缺点、弱点，还要熟悉对方的爱好、兴趣、人品等，这样才能避免泛泛而谈或者无话可说。知己知彼，方能百战不殆。

几乎每个人都有自己的爱好，要做赞美的高手，必须了解别人的爱好并赞美别人的爱好，这样才能"投其所好"，获得他人的好感。例如，有人爱好足球，你不论是夸他足球知识渊博，还是赞扬他喜爱的球队和球星，他都有志趣相投的感觉。

要赞美他引以为荣的事情。在一个人的人生道路上，有无数让他引以自豪的事情。真诚地赞美这些事情，可以使你更好地与人相处；可以使他人容易接受你的建议；可以使他人感到幸福。对于一位老师，你可以称赞他的教育成绩和他的学生；对于一位母亲，你可以称赞她很有出息的孩子；对于一位老人，你可以赞颂他一生事业的光辉亮点。

世上没有十全十美的人，每个人总有其缺点、弱项，了解一个人的弱点，才能利用对方的弱点，用其弱点的反向去赞美他，实现他心理上的满足。性格善良既是优点，但有时难免优柔寡断，常言说：马善被人骑，人善被人欺。对于一位性格善良又被人利用的经理，可以这么说："经理，你待人宽容大度，菩萨心肠，所以有人用卑鄙的手段对待你，实在对不住天地良心。"

(2) 从小事着眼，无"微"不至

古话说："勿以善小而不为，勿以恶小而为之。"赞美别人时，要"勿以善小而不赞"。因为普通人不可能有许多大事值得赞美，千万不要吝啬，一定要慷慨地从小事上称赞别人。

善于从小事上赞美别人，不仅可以给人惊喜，而且可以树立你明察秋毫、体贴入微的形象。一位服装店的员工发现新上架的衣服有做工问题，及时把它移走。值班经理赞扬他为公司着想，决定给他加奖金。这位职员受宠若惊，到处称赞这位经理眼快心细，自己的工作很有价值。

有时要明知故问：你的钻戒很贵吧？有时，即使想问也不能问，比如：你多大了？

别人的闪光之处，哪怕微乎其微，经过你无"微"不至的赞美，小事就不小，其意义自然而然显现出来，对方就会有愉快的感觉。

(3) 忌太夸张

赞美需要修饰，但是过分地、太夸张的赞美就会变成阿谀奉承，让人感觉不到真诚，只留下虚浮和矫揉造作。著名漫画家丁聪有一次被别人冠以"画家、著名漫画家、抗战时期重庆的三神童之一……"他听后就极不舒服，批评说话者给他戴了这么多高帽。

(4) 忌陈词滥调

一些女人的赞美言辞中，充满了陈词滥调，如久仰大名、百闻不如一见、生意兴隆、财源茂盛等。别人已听惯了这些赞誉之词，听后多反应不大。还有一些人在社交场合赞美别人时，只会鹦鹉学舌，说别人说过的话，这样，自然收不到赞美效应。

(5) 忌冲撞别人

赞美别人千万不可触及对方的忌讳，否则，极易引起他人的反感，造成交际的失败。不要夸奖秃顶的领导："你真是聪明绝顶。"也不要当着残疾人的面赞美别人："我佩服得五体投地。"

(6) 因人而异

艺术圈和商业圈聚集着性格观念迥异的两类人，因而其社交方法也完全不同。聪明的女人谙熟其道，知道应当怎样与不同的人说不同的话。比如对商业人士，你最好不要夸赞对方的西服是名牌或"你的手表很贵重"之类的话，对方根本不以为然，或许你说"这颗纽扣太别致了"人家听了才欢喜，夸商业圈人你要夸到某点别样与精致，对方才会欣赏你的独到。而对艺术圈的人你最好不要夸某某"气质太不一般了"或"你真与众不同"之类，相反你如果尝试说一句"我感觉你的表述非常质朴"或"你的打扮很朴素"，也许对方会眼睛一亮，认为你有味。

"奉承"男人用独特的技巧

一般来说，异性之间的赞美会更有力度，更使人有成就感，尤其是女人的青睐、好感、称赞会使男人产生极大的价值感，同样的话，他们会更乐于从女人的嘴里听到。对男人来说，事业顺利、生意兴隆、职位升迁、有社会地位、有名誉、有鲜花和掌声往往意味着他们在男性世界中的成功，这是最基本的，可大多数男人更看重女人对他的评价，因为这意味着他们在女性世界中的地位，这是一件让人兴奋又愉快的事情。

对男人的赞美一定要注意把握"度"的原则。过犹不及，说得太夸张、太过分、太直白了，就会被人当成追逐名利、爱慕虚荣的女人，会成为男人心里讨厌的势利女人。因此，即要赞美，也要掌握分寸，通常从以下几个方面入手来赞美男人，会比较容易被他们接受，而且会收到预期效果的。

（1）在赞美男人的同时，注意表达关心与体贴

关心与体贴是女人善良天性的表现，也是女人细腻温柔的体现。女人的关心，犹如吹面而过的柔和的春风，又如沁人心脾的淡淡花香，会在不知不觉中悄悄渗入男人的心灵之中，融化他们的心怀。男人们

最喜欢的是那种会关心、会体贴、善解人意的女人，女人的关心和温柔会让男人从心底感激和欣赏。以前，曾有人这样赞美过别人：

"张老师，您那本书写得真好，没少花工夫吧，您可得注意休息了，瞧您现在比以前瘦多了。"

"刘总，这么大的工程，您一个人给搞定了，可真了不起，不过您可要注意身体呀，别光为了工作，累坏了自己。"

"赵哥，你把那事谈成了？怎么谈的？以后您可得教教我，我要拜您为师，向您学艺。"

这些又温馨又充满敬仰与关切的语句，怎么能让男人不动心，不打心底感激，不视女人为自己的好友呢？

（2）在赞美男人的时候，恰当地表达出崇拜的思想

不管男人还是女人，都希望有人崇拜自己，都希望被人用尊敬、仰视的眼光看待，这也是人之常情。被人崇拜是无法拒绝的，这种崇拜意味着对"自我"的肯定，是一种人生价值的体现。对一个春风得意的人来说，他最自豪的是"自我"，也就是他的成功之源。

（3）别忘了在赞美的同时予以鼓励

一个女人鼓励一个男士，既是对他过去成就的肯定，对他以前创业生涯的一种肯定，又是对他未来充满信心的一种表现。人在任何情况下都是希望有支持和鼓励的，人不仅对自己有信心，更需要别人对自己有信心。现在的社会，竞争这么激烈，压力那么大，成功中的牵绊也越来越多。一个成功的、春风得意的男士，即使在一定程度上达到了自我价值的展现，但也还是需要鼓励的，尤其需要别人对他有信心。

还有一些男士，春风得意的时候，往往会在别人的一片颂扬声中沾沾自喜，自高自大，忘乎所以。而女性委婉的激励，有时就像一剂良药，给头昏脑热的春风得意者一点不动声色的提醒，进一步激发起他的冷静和投入下一次竞争的热情。

在赞美一个春风得意的男士的时候，有一点特别忌讳的是，不要当着这位男士的面大肆指责他的竞争对手。这样做也许当时能让这位春风得意的男士十分高兴，但过后，他就会清楚地意识到这种以贬低一个人来衬托另一个人的手法是多么的笨拙，并且让人感觉到的只是巴结和恭维。所以，建议那些想要给人锦上添花的人，一定要注意，

添花要小心，要把握好分寸，不要搞出笑话来，反而遭人反感。

（4）借助别人的口间接地赞美男人

身为女性，直接直白地夸赞异性，不仅使自己的形象受损，同时也会使受夸赞的男性不自然。因此，既要保护自己的形象又要使他人尤其是异性高兴，在称赞别人的时候就要懂得用含蓄、婉转的语言。

虽然有时候你的赞美并非是有其他的含义，但如果你直接地说出你的心里话，可能会引起不必要的误会。如果是因为真心地赞美而引起误解，这不仅达不到取悦别人的目的，反而适得其反，甚至会引起别人的厌恶或疏远。有一种很有效的方法，就是借助别人的口，间接地赞美别人。

例如，在某鸡尾酒晚会上，你认识了一位男性。这男性潇洒大方，而且从你朋友口中得知他还没有女朋友。再从他开来的车看，他的处境还可以，这时你就想接近他，了解他更多一点。如果你想给他留下一个好印象，如何开口就是关键的一步。因为在这种男人周围，应该也有许多女人想接近他，因此你再想博得他的好感，就必须表现得不卑不亢。但因为你是先开口，处于主动地位，所以你就要以稳取胜，这时借别人之口就派上用场了。当朋友介绍你俩认识后，你可以说："据说你潇洒开朗，以前是只闻其名，今天看来的确如此。"这样的开场白不仅暗示了你对他有兴趣，而且又引起他的兴趣。最重要的是它能在给你带来机会的同时又能掌握主动权。

这样的话有两个特点：

——虽然不是别人说的事实，是你本身掌握的事实，但你可以把它说成是别人告诉你的。至于是谁说，你大可不必说出来，否则会引起不必要的麻烦。

——用别人的话来带出你的赞美。话语间是别人的赞美，但实际上是你的赞美。这样的话不仅能准确地传达你的意思、想法，还能使对方愉快地接受。

赞美的话如果是有目的的外交手段，它就会有一种请君入瓮的意思。古时候，我们的祖先对这种手段运用非常娴熟。三国中，貂蝉就是利用它来达到自己的目的。

貂蝉为了挑拨吕布与董卓的矛盾，故意接近吕布。她对吕布说："妾虽在深闺，但久闻将军大名。本以为在这世上就将军一人有如此本领，但听到别人闲言，说将军受他人之制，如今想来，着实可惜。"说罢，泪如雨下。吕布听了很惭愧，满怀心事地回身抱住貂蝉，安慰她。貂蝉利用借别人的传说把吕布称赞得世间无人能及，挑起吕布的虚荣心，再巧妙地挑拨他受董卓之制，身为一个热血男儿，又怎能受到如此之羞辱呢。这些片言只语，正是以后董卓与吕布之间矛盾的导火线。因此，借助别人之口的手段，其威力可见一斑。

其实，世间许多男性的想法和行为与吕布相差无几。他们既希望得到女性的看重，又希望得到一世英名。所以当有女性这样赞美她，而且又听说是别人说的，就会令他有一种错觉，觉得自己很了不起。同时为了维护这份虚荣，他就会做一些自己也不清楚究竟是对是错的事，不过，有一点可以肯定的，就是他对你的话没有什么戒心。

这种借助别人的话来表达你的赞美还有一种妙用。就是它能把你的立场模糊起来，反主动为被动。

试着给人一个惊喜

每一位现代女性都应该是传播善意的天使。在当今日益商业化的社会中，传播善意表达爱心已成为社会交往的主要形式，而现代女性正是肩负这一使命的使者。

生活大多数时候是平淡的，正因为如此，如果你能在平淡的生活中给人一个惊喜，别人会十分感激你，也正因为生活平淡，所以只要你用心，惊喜还是很容易找到的。

惊喜能使生活变得丰富多彩，富有情趣。给朋友一个惊喜能使朋友深刻地感受到你的情义，给爱人一个惊喜会让他感受似已疏远的爱情，给孩子一个惊喜则能令他乖上几天，当然给别人一个惊喜也能让自己感到自豪和兴奋。

当一个和你只见了一面的朋友，三个月以后站在你面前，你却微笑着清楚地喊出了他的名字，这份惊喜定能让他真切地感受到你对他的重视。这么一个良好的印象可能会影响你们以后的所有交往。当你不经意地说你儿子特别喜欢收集邮票，儿童节那天，你朋友捧了一包多姿多彩的邮票来到你家，不仅你儿子会高兴得很，相信你也能感受朋友的这份特殊的关心。其实每个人都渴望得到别人的特殊关照，而给人惊喜是让人感受特殊的最好办法。

不要武断地认为给人惊喜是多么的难，只要你不认为只有送人贵重的礼物才能给人惊喜，那么问题就好办得多。首先，我们可以在电视电影中学点招数。电影、电视都是一些思想丰富、喜欢浪漫、善于幻想的人编出来的，但其中的许多做法却能让生活中的我们感到惊喜。节日给女朋友送朵花，朋友生日了，给她点首歌。很多香港人、外国人的新鲜做法都可以学一学。只要你不认为生活本该如此平淡，只要你想让生活丰富多彩，电影、电视以及别人的做法都会让你有无数灵感。

平时对朋友、家人多加留心，相信会有很多让他们惊喜的机会。不是他告诉你，而是你自觉地记住了他的生日，记住朋友家人的生日，记住朋友的结婚纪念日。如果能记住朋友和他男朋友的初次约会日，那就更好了。平时备个本子，记下一些他人的资料，相信你能成为惊喜的创造者。朋友有边办公边听音乐的习惯，今天她的随声听坏了，你悄悄地把一只新的随身听给了她，这自然会让她惊喜万分。她随口一句"孩子今天感冒了"，下班的时候，你塞给她一盒康泰克，这份惊喜也能增添她对你的情意。

沉默是智慧女子所为

一直以来我很喜欢王菲，歌唱得好自然是一层原因，渐渐地却是因为她的性格，只是发现这女人将沉默这两个字做到极致，便不由得心生佩服起来。

若对于男人而言沉默是金的话，女人的沉默就是白金的了。因为

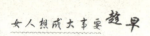

太难碰到，而碰到时常常感觉良好。像王菲那样知道自己嘴笨就不说的是真实的女子。像林青霞、邓丽君那样淡然少语的是大气的女子。若这女子天生就是如此安静的性格倒不觉得特别。但若这女子的内心是深深的一片海，却可以在阳光下安静如处子一般，这就更让人感叹不已了。有一种千般灿烂终究归于平淡的感觉。

"我是女人我怕谁。"平庸的女人们都在忙着做出这种姿态。真正有智慧的女子却总是微笑着默不做声。

良好的人际沟通，除了会说，"听"也是同样重要的，因为人类并不是为想说话而一直说话，最主要的目的，是希望别人听她的想法和意见才说话的。

留心去听别人说话，是谈话艺术中一个重要的条件。因为能静听别人意见的人，必定是一个富于思想、有缜密的见地、性格谦虚的人。这种人在人群当中，最先也许不大受人注意，但最后必定是最得别人敬重的。因为她的虚心，所以任何人都会喜欢她，因为她善于思考，所以别人都会尊敬她。

怎样去做一个良好的听者呢？第一是需要"诚恳"。别人和你说话的时候，你的眼睛要注视着他，无论对方的地位比你高或低，注视他是一件必须的事情，只有缺乏勇气或态度傲慢的人才不去正视别人。

其次，在别人对你说话时，你不可以同时做着一些没必要的工作，这是不礼貌的表示。而且，如果他忽然反问你一些问题时，你可能就会因为没留心他所说的，而回答不出来了。

听别人说话时，偶尔插上一两句同意或不同意的话是很好的，不完全明了时加一句问话也非常需要，因为这正表示你对他的话留心。但绝不可把发言的机会抢过来后，就滔滔不绝地说自己想说的话，除非对方的话已告一段落，到了应该让你说话的时候。

因此，无论他说什么，你不可随便纠正他的错误，若因此而引起对方的反应，那你就不能成为一个良好的听者了。

有些人常喜欢把一件已经对你说过好几次的事情还对你说，也有些人会把一个说了很多次的笑话还当新鲜的再说，作为一个听者的你，这时就要练习忍耐的美德了。你不能对他说：

"你已经说过好几遍了。"

要知道，这话会伤害他的自尊，你唯一应该做的事是耐心听下去。

你心里应该原谅他是一个记忆力不好的人，你应该同情他，而且，他对你说的时候，是对你表示好感和诚意的。你应该用同样的诚意来接受他的善意。

但如果说话的人滔滔不绝，而你又毫无兴趣，你觉得把时间和精神拿去应酬他是十分不值得的时候，你应该用巧妙的方法来使他停止这乏味的谈话，但最重要的，是不可以伤害他的自尊。最好的方法是巧妙地引他谈到别的问题，是他内行的又是你所喜欢的话题。

当一个良好的听众，不仅能让他人乐于和你交谈，也能使你获得一些资料，从倾听他人说话中，可以了解对方的思想、兴趣。

女人在社交或是会议上的聆听更重要，因为专注的聆听很可能会使你获得一些反败为胜的情报。

有位哲学家曾说过："愚蠢的人才会多话，聪明者懂得用耳朵洞悉人心。"如果你也不想被人家当做是"话多无脑"的愚昧女人，最好从现在开始，就学会多听少说，保证你天天好运，天天开心。

距离也是一种语言

"距离语言"是行为语言的一个内容，它是借助交往双方的空间距离及其变化，来表达交往的情感、意图和关系程度。当你和别人交往时，总要各自占据一定的空间，相互保持一定的距离，这个距离虽然没有声音，却能像语言一样传达某种含义。因此，在人际交往中是否善于运用"距离语言"，对于增强交往效果是一个很重要的技巧。

有一个调查，女职员 A、B 和男职员 C 是一起进入公司的同事，开始他们一直都非常和睦友好。A 的心思比较缜密，比较懂得照顾别人，每次吃饭的时候都会说："大家都是新入职的职员，哪有什么钱啊，AA 制吧。"即使是 C 打电话给她说一起看电影，她也会和他一起付电影票钱。

C 和 B 见面的时候经常都是 C 一个人花钱，但是和 A 在一起时他并不会这样。B 并不是 C 的恋人，但她还是每次在 C 发出邀请时都接受他的优待。

在职场上的男人和女人都有一些神秘感，双方都会比较小心地相处，同时也都保持着礼节。虽然严格一点来评论，B 不是 C 的恋人，却还一直让 C 付钱，好像有点厚脸皮，但是观察一下我们的周围，这样的女性反而更受男人们的欢迎。女性们无论是在私事上还是在公事上，都要有点公主病才会受到优待，但你得掌握好分寸，如果公主病太严重的话就会产生反效果。

有的女人很受男人们欢迎的原因就是她们懂得自己的宝贵之处，男人们在这样的女人身上花费钱和时间，他们觉得十分值得。反过来，如果女人们自己都把自己放低，不懂得自己的宝贵，那男人们也就不会有礼节地对待她们，只会一直疏忽。

现实生活中，我们处处能感受到"距离语言"的作用。你也许有这样的判断，可以根据遛马路的两个青年男女之间的距离知道他们是恋人还是一般的同事关系，是初恋还是热恋。

你也许观察过这样的现象，当两个人发生争吵时，一方把身体故意靠近另一方，用手触及对方的皮肤，你会确信他是在向对方挑衅、示威。而对方也会怒气冲冲地把伸过来的手拨向一边，把身子也靠近些。这时，不用任何人提示，你就能预感到他们离动手打架不远了。因为他们两人之间的距离变化能够告诉你——双方已侵入对方不能容忍的空间了。

心理学的研究指出：人们都有一种领域感，这是一种生来就有的本能的感觉和需要量。当外在因素（交往对方）进入你自己认为属于自己的领域空间后，就会刺激你的心理，使你对这一"进入"的含义做出判断：是表示友好、亲热，还是挑衅、侮辱；是无意识的"越界"，还是有意识的信号。只不过人们很少自觉地从理论角度来认识这一现象，往往表现为下意识地、习惯地应用这一"距离语言"。其中难免有运用不当之处，甚至有违反社交规范的时候。

一般来说，人们对不同空间距离及其变化的语言含义存在着一个由心理因素和社会习俗所造成的不同理解。这就形成了不同民族的特殊"距离语言"。然而，也有许多"距离语言"是通用的，不同民族的交往双方都懂得某一"距离"意味着什么。

距离是人际关系的自然属性。有着亲密关系的两个朋友也毫不例外，成为好朋友，只说明你们在某些方面具有共同的目标、爱好或见解以及心灵的沟通，但并不能说明你们之间是毫无间隙、融为一体的。任何事物都存在着其独自的个性，事物的共性存在于个性之中。共性是友谊的连接带和润滑剂，而个性和距离则是友谊相吸引并永久保持其生命力的根本所在。

友情就像弹簧一样，保持适度的距离以及适度拉伸和压缩，都会使之保持永久的弹性美，和自由美之间有着惊人的相似。

随距离的缩短，"金无足赤"的人类的瑕斑也在友谊的光环中出现，过深的了解使你发现了对方人性自私甚至卑劣的一面。

交友的过程往往是一个彼此气质相互吸引的过程，因此你们有共同的"东西"，所以一下子就越过鸿沟而成了好朋友，甚至"一见如故，相见恨晚"。这个现象无论是异性或同性都一样。但再怎么相互吸引，双方还是有些差异的，因为彼此来自不同的环境，受不同的教育，人生观、价值观再怎么接近，也不可能完全相同。当两人的"蜜月期"一过，便无可避免地要碰触彼此的差异，于是从尊重对方，开始变成容忍对方，到最后成为要求对方！若要求不能如愿，便开始背后的挑剔、批评，然后结束友谊。

女人就是这样奇怪：未得到时，总想得到；未靠近时又总想贴在一起，真正得到和靠近却又太过苛求。女人总在无意中伤害着她们自己。很奇妙的是，好朋友的感情和夫妻的感情很类似，一件小事也有可能造成感情的破裂。所以，如果有了"好朋友"，与其太接近而彼此伤害，不如"保持距离"，以免碰撞！

人说夫妻要"相敬如宾"，如此自然可以琴瑟和谐，但因为夫妻太过接近，要彼此相敬如宾实在很不容易。其实朋友之间也要"相敬如宾"，而要如此"保持距离"便是最好的方法。

何谓"保持距离"？简单地说，就是不要太过亲密，一天到晚在一起，也就是说，心灵是贴近的，但肉体是保持距离的。能"保持距离"就会产生"礼"，尊重对方，这礼便是防止对方碰撞而产生伤害的"海绵"。

女人身边需要有个失败者

对于女人来说，身边要有各种各样的朋友，这些朋友可以是我们工作中的引导者，生活中的指引者，休闲时的分享者，逛街时的同行者……而这其中，最不可缺少的就是失败者。身边的失败者会让我们快速的恢复信心，也会让我们对现有的生活也会有一种满足感。也许"失败者"这个词语让我们很难定义，但是我想很多女性都交往过这样的朋友：

小学时期，你的身边总是跟着一个朋友，你们会一起玩"过家家"的游戏，你永远扮演着高贵的公主，而她只能是你的女仆；你们会一起从妈妈那里偷来小碎布，做布娃娃；你们会一起学着妈妈的样子，打毛线衣……不管你们一起做任何事情，她永远没有你做的好，每次得到长辈夸奖的都是你。

中学时期，你的身边总是有一个朋友，心甘情愿地为你传递隔壁班男生丢来的小纸条，"掩护"你的每一次约会，并且把所有在你背后听到的赞美夸大 10 倍复述给你听；老师见到你们，总是会先用满脸的微笑表扬你一番，然后再一本正经地对着她说，一定要多向人家学习，言外之意莫过于"都是一样的学生，怎么就会有这样的差距？"

大学时期，这个朋友会常常陪你出去逛街，你们买一样的牌子，甚至是一样的款式，可是你穿上就会赢得一片赞叹，而她穿的时候，简直就是一个可笑的错误；男朋友送来了鲜花、礼物或是与你一起到一间昂贵的餐厅度过了浪漫的一晚，你一定会在第一时间向她倾诉，分享幸福还是其次，关键是她那种无比向往、万分艳羡的表情和感叹总能让你感受到莫大的满足。

即使是现在，你仍然有这样一个朋友：她的婚姻生活一团糟；事业永远是原地踏步；家里的衣橱简直像个噩梦；当你打遍一圈电话也找不到人陪你逛街的时候才勉为其难地打给她，出门前还要撇一撇嘴角；当你与她约好时间后，任何稍微重要的事情都能让你毫不犹豫地拿起电话，理所当然地告诉她约会取消了；你似乎永远只在需要什么东西的时候才能想起她；每当你和其他朋友提到她的时候，总会把嘴角上扬两厘米，并不断的摇动你的头，甚至连她本人聊起自己也不例外！

这样一个随时能够令我们感觉到自信、成功和满足的角色，就是所谓的"失败者"。像这样的一个朋友，她失意时，你可以宽厚地微笑着听她的抱怨，而到了你失意的时候，只需去她家做一次客，一切忧郁就烟消云散，觉得上天待自己如此的好。

有一次，我在一个 Party 上遇到了 Ray，她一如既往地拉着我抱怨生活的苦恼：看中却买不起的 Chanel 小外套，懒得动身却又不得不前往的北欧国家，还有明天又得和那个讨人厌的公关经理谈 case。正当我尽力找出些新词来安慰她的时候，另一个身影挤到了我们面前："Ray，你也来了！怎么最近都没有和我联络了？"我还来不及反应，就已看到 Ray 眼中的疲惫和哀怨一扫而光，带着十二分的优雅向我介绍这位她"最要好"的朋友。当这位唤做 Kitty 的女子加入我们的谈话后，我惊奇地发现刚才的话题开始向它的反方向飞驰——她羡慕Ray 衣橱中已挂满 Chanel 却依然考虑添置这一季的新品，感慨着自己从来没有踏足那个北欧国家的机会，甚至对于那个讨人厌的公关经理，她也表现出了强烈的兴趣，只因为那个公司的名号和资历在圈内无人能及……看着 Ray 脸上愈加自信且满足的微笑，我顿时明白 Kitty 这个失败者的出现带给她的安慰，远比我那些苍白的关心有效得多。

可是当我把目光带着同情投向 Kitty 的时候，竟然在她的脸上找到了同样满足的微笑！为什么？为什么他们会甘于当那片可怜的绿叶，给她们成功的朋友做陪衬？

"不，我从来没有觉得自己是谁的陪衬！"几个月以后，终于和Kitty 熟悉起来的时候，我婉转地提出了自己的疑问，得到她斩钉截铁的回答，"我只是喜欢 Ray，因为我能够在她的身上看到成功的影子。"

成功的影子，原来如此！虽然她每次都是最后一刻才邀请你参加她的 party，但是这并不妨碍你在那里结识一些非凡的人物；在她空闲的时候，会很耐心地听你的抱怨，并且鼓励你说她曾经也是这样；她来你家做客的时候会给你带一些小礼物，虽然都是些小玩意儿，可是天啊，上面都有你只在杂志的头几页才能看到的 logo！在这样一颗光芒灿烂的明星旁边，如果能够做一个小小的"卫星"，借助她的力量散发自己的光芒，又何乐而不为呢？最重要的是：你看到了这颗明星升起的轨迹，也知道了自己明天该怎样做！

在这个奇妙的星系中，如果你是那颗明星，我当然要恭喜你，是你的智慧、你的干练、你的远见卓识令这个小宇宙散发出了最初的光芒，但是，也请你再问问自己，是谁令这个宇宙更加明亮、更加温暖、更加丰富？是卫星的折射。

所以，稍稍收起你心里的轻蔑吧，对那个"卫星"好点、再好点：听听她的心事，告诉她你的建议，虽然她可能永远也无法做到你那样的聪明、果断或者婉转，但是至少，她会觉得心里有了依靠和帮助。

多喝咖啡少聊是非

有人说女人是传播秘密的高手，其实每个人都有自己的秘密，都有一些压在心里不愿为人知的事情。同事之间，朋友之间，哪怕感情不错，也不要随便把你的事情、你的秘密告诉对方，这是一个不容忽视的问题。

你的秘密可能是私事，也可能与公司的事有关。如果你无意之中说给了同事，很快，这些秘密就不再是秘密了。它会成为公司上下人人皆知的故事。你就会沦入整日被人指指点点的生活当中，哪里还有幸福可言。

更为严重的是，你的秘密，一旦告诉的是一个别有用心的人，她虽然可能不在公司进行传播，但在关键时刻，她会拿出你的秘密作为武器回击你，使你在竞争中失败。

许红是某公司的业务员，她因工作认真、勤于思考、业绩良好被公司确定为中层后备干部候选人。

许红和同事琳私交甚好，常在一起聊天。一个周末，她心情不太好便约了琳去酒吧喝酒。她原不会喝酒，那天又喝了不少，话也越说越多。酒已微醉的许红向琳说了一件她对任何人也没有说过的事。

"我高中毕业后没考上大学，有一段时间没事干，心情特别不好。后来遇到一个男人，我那时太单纯，什么都不懂，结果被骗了。我气不过就趁他睡着之后捅了他几刀，结果他没死，而我被判了刑。刑满后我四处找工作，处处没人要。没办法，经朋友介绍我才来到厦门。所以，现在我特别珍惜这个机会，我一定得给公司好好干。"

过了几天，公司根据许红的表现和业绩，把她和琳确定为业务部副经理候选人。总经理找她谈话时，她表示一定加倍努力，不辜负领导的厚望。

谁知道，没过两天，公司人事部突然宣布琳为业务部副经理，许红调出业务部另行安排工作岗位。

事后，许红才从人事部了解到是琳从中捣的鬼。原来，在候选人名单确定后，琳便找到总经理办公室，向总经理谈了许红曾被判刑坐牢的事。不难想象，一个曾经犯过法的人，老板怎么会重用呢？尽管你现在表现得不错，可历史上那个污点是怎么也擦洗不干净的。

知道真相后，许红又气又恨又无奈，只得接受调遣。去了别的不怎么重要的部门上班。

如果你在职场上有"同事是朋友，上司是父亲，女上司是大姐"的想法，那么你大错特错了。职场上的游戏法则是，不能让对方知道自己的底牌，只有这样你才可能致胜。如果你把家里琐碎的事情、自己的爱情问题或者对方问你的事情都原原本本说给对方听，那你是一个很实在、很坦诚的人。但实际上，这对你很不利，你把自己的牌完全亮给了对方。人们毕竟不都是正人君子，他们很可能在需要的时候就利用了你手中的那些牌。

嘴边没有个把门的，有很多害处，许多女人就吃过这方面的亏。所以作为女人一定要有"心计"，与人交往要把好口风，什么话能说，什么话不能说，什么话可信，什么话不可信，都要在脑子里多绕几个弯子。

有"心计"的女人一定要懂得保护自己的秘密就是保护自己，既然秘密是自己的，无论如何也不能对别人讲。你不讲，保住属于自己

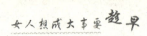

的隐私，没有什么坏处；如果你讲给了别人，情况就不一样了，说不定什么时候别人会以此为把柄攻击你，使你有口难言，甚至有可能断送了幸福的未来，实在是不值得啊！

喝咖啡没问题，但聊是非就最好只听听吧！把自己的注意力放在工作上，而不是同事间的人事纷扰。

西方谚语说："不问是美德。"

人群相聚，难免要找话题闲聊，天上的星河、地上的花草、昨天的消息、今日的新闻，往往都是绝好的谈资，何必非要东家长西家短地无事生非呢？

把你的猜疑藏起来

多疑是女人最容易犯的毛病，多疑也是走向成功的一大障碍。

古时候有个人丢了一把斧子，这个人开始总怀疑是邻居的小儿子偷的，因此，他特别注意观察邻居小儿子的一举一动，从走路的姿势，到言谈话语、面部表情和神色，怎么看都像是偷了斧子的样子。可是后来，他在山里找到了丢失的斧子，再见到邻居的小儿子时，觉得他的一举一动全不像偷斧子的人了。

"丢斧人"的心理就是一种典型的多疑心理。

在生活工作中，聪明的女人要避免让多疑左右自己的生活。如果你发现自己也常不经意地犯"丢斧人"的毛病，那你可要小心了。

无论是什么样的女人，一旦被多疑心理控制，便常常会自我孤立，敏感度骤升，情绪紧张，整日提心吊胆，小心翼翼，谨言慎行，害怕走近别人，也拒绝别人走近自己，更怕被别人拒绝。以至于有时一件小事，一个偶然的手势，一句无心的话，都足以让其猜测不已、惴惴不安。

比如，两个同事背着你窃窃私语，你一走近，他们便立刻终止了谈话，沉默不语或是各自走开，这时你就会在心里犯嘀咕：他们会不会在说我的坏话？如果某人不赞同你的观点，你就会怀疑这个人对你怀有成见；与朋友相遇，他却没和你打招呼，你可能立刻会怀疑他对你不满……

多疑，是一个女人精神上的瘫痪。它好像是人身上的一颗毒瘤，稍不注意，它就会流出毒液。一旦腐蚀你的思想，你就会丧失理智，以主观、片面、刻板的思维逻辑来主导自己的推理，毫无根据地进行判断。

多疑的女人不信任他人，总对他们做出过低或不切实际的评估。究其"不信任根源"，就在于其内心深处缺乏足够的自信。

如果你在生活工作中，总以不信任的态度与他人交往，长此以往，别人就会逐渐疏远你。因为没有人能长期忍受你的这种无味的"敏感"，被你长时间地怀疑着，当然你也就很难成就什么事业。

才华横溢的丽毕业于北大，无论在工作态度上还是能力上，她都出类拔萃非常出色。可是，毕业4年来，丽却频频跳槽，次数达7次之多。

现在，就职某大公司的丽，凭借自己的聪明才干，仅用了3个月的时间，就从销售员做到了市场总监，然而时间不长，丽就再一次扬言说想辞职。

有朋友不解地问为什么，丽义愤填膺地说道："当我职位升迁到老总直接管辖范围时，我就隐约觉得与老总之间的关系有些微妙。老总对我越来越不信任，甚至有些猜忌，还时常给我穿'小鞋'，同事们也纷纷排斥我，我现在是'四面楚歌'。最近更可气了，老总特意为我招聘了一位助理，美其名曰是协助我管理市场，其实我心里很清楚，是派来监督我工作的。这是对我极大的不信任！是对我的侮辱！我实在忍无可忍了，我要辞职！"

是什么造成了丽职业生涯发展的瓶颈？是什么使她在职场频频受挫，不断跳槽，职业生涯"坠入负面轮回"？不是别的，正是丽那颗敏感多疑的心，是它构成了丽成就大事的障碍。

在激烈的职场竞争中，许多人都遭遇过与丽相类似的问题，有过相近的感觉：当你工作做的好了，或者升到较高职位时，你的内心便感觉背后有一双"眼睛"在盯着自己。仿佛在对你说：我不信任你。而这双"眼睛"可能是你的上司，也可能是你身边的同事。

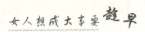
于是，关系莫名其妙地变紧张了，冲突也时不时出现了。而冲突的结局，是让你感受到莫大的伤害和压抑，认为整个环境是不信任、不安全的，产生深深的恐惧感和愤怒感，继而升起强烈的排斥感——逃！

可见，多疑心理损害极大，它会阻碍你走向成功的脚步。

当疑心在你心中初露端倪时，先让自己冷静下来仔细分析，考虑一下自己的"多疑"有无确凿的根据。多从自身想想，"是不是我太多心了？""也许别人并不是针对我，而只是就事论事"，"他也许只是一时心情不好，心不在焉，所以迁怒于我或者冷落了我，与我并无关系"……

尝试着用"信任"代替"多疑"，用"理智"遏制多疑心理的升级，一天两天也许看不出太大的变化，可时间长了，你会发现曾经的"多疑"，实际上完全是你自己无中生有的想象，只不过是杞人忧天而已。

而只要你能坚持无论在什么样的情况下，都始终不放弃"信任"的立场，那么，你对他人的敏感、多疑，也就会慢慢地不治而愈。伴之而来的将是增强了的自信，"止跌回升"的职业生涯……

有一位哲人曾说过："这个世界上没有绝对的好人，也没有绝对的坏人。"所以最后决定对方是好人还是坏人的关键还是在我们自己身上。

讨人喜欢，百看不厌

人与人的频繁接触，难免会出现磕磕碰碰的现象。在这种情况下，学会大度和宽容，就会使你赢得一个绿色的人际环境。要知道，"人非圣贤，孰能无过"。因此，不要对别人的过错耿耿于怀、念念不忘。生活的路，因为有了大度和宽容，才会越走越宽，而思想狭隘，则会把自己逼进死胡同。

一般来说同事之间有一点竞争、有摩擦是很正常的现象。但是我们要懂得如何把这种摩擦降到最低限度，应该学会怎样把这种竞争导向对自己有利的方向。

　　人与人之间，除非有不共戴天之仇不可化解，但在工作中的仇恨一般不至于达到那种地步。毕竟是同事，都在为着同一家单位而工作，只要矛盾没有发展到你死我活的地步，总是可以化解的。记住：敌意是一点一点增加的，也可以一点一点消和。中国有句老话：冤家宜解不宜结。同在一家公司谋生，低头不见抬头见，还是少结冤家比较有利于自己。不过，化解敌意也需要技巧，并非一味迁让与软弱。

　　"怎样化敌为友"，在工作中是一门高深学问。

　　他与你曾经为一个职位争得头崩额裂，今天你俩已分别成为不同部门的主管，虽然没有直接接触，但将来的情况又有谁能明白呢！所以你应该为将来铺好路，做好准备。

　　如果你无缘无故去邀约对方或送礼给他，太唐突，也太贬低了自己，应该是见机行动。例如，从人事部探知他的出生日期，在公司发动一个小型生日会，主动集资送礼物给他……放心，真诚的善意，谁也不好拒绝。

　　要是对方获得升职，这就是最佳的时机了，写一张贺卡，衷心送出你的祝福吧。如果其他同事替他搞庆祝会，你无论多忙碌，也要抽空参加，否则就私下请对方吃一顿午餐吧！恭贺之余，不妨多谈大家在工作方面的喜与乐，对以往的不愉快事件绝口不提，拉近双方距离。

　　记着，这些亲善工作必须在平常就抓紧机会去做。否则到了你与他有直接来往时才行动，就太迟了。那时，也只会给人们一种"市侩"之感。

　　所谓"和气生财" "和为贵"，职场上很忌讳结成仇敌，长期对抗。

　　在职场上树敌太多是大忌，尤其是如果仇家联合起来对付你，或在暗中算计你，你纵有三头六臂，也是应接不暇。

不要吝啬说“对不起”

自我批评总能让人信服，自我表扬则不然。

常言道，智者千虑，必有一失。人再聪明，都有犯错误的时候。人犯了错误往往有两种态度，一种是拒不认账；另一种是坦率地承认。

拒不认账的好处在于不为后果负责，就算要负责，也要把相关的人都包括在内，谁也逃脱不了干系。这样，能推就推，能躲就躲，保住了面子，又避免了损失。这是从表面上看。实际上，你既然已经犯有错误，死不认账的结果是弊大于利。首先，你铸成的大错误是尽人皆知的，你的抵赖只能让人觉得你腰杆太软。如果你犯的错误人证物证俱在，责任又逃避不了，你再抵赖也只是枉费心机。如果是鸡毛蒜皮的小错，那你就更不用顽固，顽固会造成你在同事心目中更坏的印象，那样就得不偿失。你敢做不敢当的印象形成后，主管的顶头上级不敢再用你。怕你有朝一日也拉自己下水，同事也不敢与你合作，怕你故伎重演。而且你一旦拒不认错，形成习惯，哪还谈得上培养解决问题的能力呢？因为你认为自己“一贯正确”。

第二种态度是坦率地认错。承认错误，就有可能承担责任，独吞苦果。但在绝大多数的情况下，别人并不会一棍子打死你的，既然你都认错了，还要如何？况且认错本身就是替上级分担责任，主动取咎，上级再抓住你不放，显然也有损他的形象。

坦率认错的好处还在于，首要的是为自己树立敢做敢当的形象。承担责任，不推诿过失，上级放心，下属尊重，同事喜欢。认一个错又有什么不大了的呢？其次要勇敢地面对错误，今后才能避免错误，从而及时提高自己的水平和能力，错误成了上进的磨刀石。还有，你的坦率承认，虽然得到了上级的训斥，你无形中处在受难者的地位，而众人从心理上往往是同情受苦受难的，你获得的是心。你即使挨了训，上级再罚你，也不至于太狠，人毕竟都有同情心。

所以，人不怕犯错误，就怕犯了错误以后不认错、不改错。你坦率的承认，并想办法补救，并在今后的工作中加以改进，谁都会认为你是一个不错的人。

人生在世，难免会有对不起别人的地方。遇到这种情况时，有些人往往不愿道歉，怕丢面子，怕抬不起头；但是这样一来，又时常私下心情不安，甚至有点惶恐。为什么会这样呢？因为良心不安，因为若有所失，因为内疚于心。

那么，何不说一声"对不起"呢？每个人都会有对不起人的时候。真正的道歉不只是认错，它是承认你的言行破坏了彼此的关系；而且你对这关系十分在乎，所以希望重归于好。

承认自己不对，心里会很难受，脸上挂不住，做起来更不容易。不过你一旦决心面对现实，不再倔强，便会发现，认错对消除宿怨、恢复感情确有奇效。

有时，我们迟迟不道歉，是因为怕碰钉子，碰了钉子就要没面子了。这种令人难堪的可能性是有的，但是不大。原谅别人可以祛除心理怨恨，而怨恨是损伤心灵的，有谁愿意反复蒙受痛苦和忿怨的折磨呢？

有时候，一不小心，可能会碰碎别人心爱的花瓶；自己欠考虑，可能会误解别人的好意；自己一句无意的话，可能会大大伤害别人的心……如果你不小心得罪了别人，就应真诚地道歉。这样不仅可以弥补过失、化解矛盾，而且还能促进双方心理上的沟通，缓解彼此的关系。

英国首相丘吉尔起初对美国总统杜鲁门印象很坏，但是他后来告诉杜鲁门，说以前低估了他，这是以赞许的方式表示道歉。解放战争时期，彭德怀元帅有一次错怪了洪学智将军，后来彭德怀拿了一个梨，笑着对洪学智说："来，吃梨吧！我赔礼（梨）了。"说完两人一起哈哈大笑起来。

切不可把道歉当成耻辱，那样将有可能使你失去一位朋友。

女性的豁达是一种智慧

　　大千世界，无奇不有，赤、橙、黄、绿、青、蓝、紫，构成一个斑斓的世界。千篇一律的模子铸造不出多姿多彩的生活。智慧女子能够包容，懂得尊重别人的选择，也认同别人的生活方式，不对别人的选择指指点点，说长道短。

　　宽容是一个女人成熟的标志。生活在社会里，生活在人群里，总难免有一些摩擦。想不通的事情，换个位置站在对方的角度上去思考、去评判，也许就能找到宽容的依据。比如在大街上发生诸如自行车碰撞或你的脚踩了他的鞋之类的琐事，彼此相互点点头，算是表示歉意，尔后，各奔东西。工作中有些误会，也应该抱着宽容的态度去体谅别人，理解别人。如果你能以一种宽容的眼光去看待世界，你会觉得绿水青山、碧云蓝天无一不是令人赏心悦目的彩图。

　　宽容的女人属于智者。遇事便大喊大叫，只会令人生厌；处处斤斤计较更显得可笑。宽容属于信心。动辄发火、与人争吵不休的女人，其实是没多少底气的表现。一个心胸狭隘，对周围的人戒备森严、处处提防、不能宽大为怀的女人，必然会因孤独而陷入忧郁痛苦之中。而宽宏大量、与人为善、宽容待人、能主动为他人着想、肯关心和帮助别人的人，则讨人喜欢，被人接纳，受人尊重，具有魅力。

　　学会宽容能使自己保持一种恬淡、安静的心态，去做自己应该做的事情。整日为一些闲言碎语、碰碰磕磕的事情郁闷、恼火、生气，总去找人诉说，总去与对方辩解，甚至总想变本加厉地去报复，这将会使自己失去更多美好的东西。女人要成为一个生活的智者，就应豁达大度，笑对人生。有时一个微笑、一句幽默，也许就能化解人与人之间的怨恨和矛盾，填平感情的鸿沟。女人只有充分地认识到这些，才能真正去修炼自己，用宽容之心去对待别人，才能使自己在别人的心中树立起完美形象，从而使自己的人格在修养方面得以升华。

宽容可以让世界海阔天空，宽容可以让争吵的朋友重归于好，宽容可以让多年的仇人化干戈为玉帛，宽容可以让兵戎相待的两国和平友好。俗话说，多一个朋友总比多一个敌人强，那么，宽容就是这样的一种大智慧。

在生活当中，人人都能以不同的角度理解宽容的含义，人人都在用心追求宽容大度的意境。然而，却很少有人能真正地成为一个宽容的人。有人说，一个宽容的男人，是最有魅力的男人；一个宽容的女人，是最智慧的女人。因此可以说，女人的智慧脱胎于宽容，是宽容让女人有一种大气的美。

美国玫琳凯化妆公司的创始人兼董事长玫琳凯，这位化妆业的巨头，以她的智慧，缔造了世界化妆界的神话。

其实，玫琳凯的成功，与她从小养成的豁达性格不无关系。玫琳凯是一位命运多舛的女子，在她30岁以前，生活中的灾难一个接一个地降到她身边。很小的时候，父亲因病住院，母亲为了照顾全家人的生活，从早到晚在外打工赚钱。玫琳凯7岁时，便担当起重病中的爸爸的厨师与护士工作。当时，个子矮小的她站在椅子上给爸爸做饭，做饭时，她要打20多个电话给妈妈。在电话里，妈妈一直用话激励着她："宝贝，妈妈知道你能做好，一定能！"正是妈妈这句话，让小小的玫琳凯有了自信，即使把饭做得不好，她也不沮丧，而是充满信心地迎接第二次的工作。

"穷人的孩子早当家。"这话说得一点没错，同样是7岁的年纪，当别的小孩在父母怀里撒娇的时候，玫琳凯已经学会了做饭和照顾病人，更重要的是，在做这一切时，使她拥有了豁达的心胸。

退休后的玫琳凯，筹划起她"梦想中的公司"，这就是后来享誉全球的"玫琳凯化妆公司"。因为公司是由她来管理的，所以，一开始，她就把"男女一视同仁，提供妇女无限的机会"作为管理原则。公司只有500平方英尺的店面，工作人员只有她的两个儿子和9位热心的女性，他们同心协力，不需要分配工作，大家主动做该做的事情。

玫琳凯化妆公司发展初期，玫琳凯女士曾用热情洋溢、充满激情的讲演激励着她的员工，激励着她的顾客。每当她讲演时，顾客听得如痴如醉，神魂颠倒，有时使满堂妇女激动得热泪盈眶。

现在，玫琳凯化妆公司业务遍布全球36个国家及地区，全球拥有

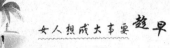

美容顾问75万人，这些人基本上都是女性，为了激励更多的女性，玫琳凯公司在世界各地还为女性事业捐资捐款，这种热心公益事业，帮助妇女自立成才的社会活动，受到了世人的赞扬。

20世纪90年代的玫琳凯已经是曾祖母了，但她却笑着说："我觉得我才24岁。"在她眼里，她豁达的心胸不会随着年纪的增大而老去。她相信，一个豁达的女人，是永远年轻的。

以一种博大的胸怀和真诚的态度宽容别人，就等于送给了自己一份神奇的礼物。任何担心这样做会引起混乱或被认为是示弱行为或怕丢面子的想法都是不正确的，这样的担心是多余的，没有远见的。

俗话说：吃亏是福。这种吃亏，其实就是一种宽容的智慧。因为上天是公平的，你在这里失去的东西，它会在那里给你加倍的回报。

第九章　追寻你生命中的导师

再强的女人也需要别人的帮助。

接近你生命中的"贵人"

什么是"贵人"？

是给我们带来帮助，使我们的物质和精神更丰富更舒适更进步更美好的人。

在一个女人成就事业的过程中，她会遇到许许多多的挫折，甚至会遇到许许多多的灾难，有时候通过自身的努力可以战胜挫折与灾难，而有时如果没有外力的帮助，单靠自身的力量很难渡过难关。这个时候，我们就需要"贵人"的慷慨相助，帮助我们时来运转。

贵人是你生命中的开路先锋，是你事业上的导师。有贵人相助，比你做的任何努力都来得重要。因为，他们的成功经验、成功模式，能使你在非常短的时间内，调整自己的人生方向，并迅速接近成功；他们还会把他们失败时做错的事情说给你听，让你作为前车之鉴，告诉你哪些是你不要做、不能犯的错误；他会让你省下非常多的时间，走对方向，少走弯路。

一个女人，在自己所处的环境里，如果有机会与站在顶点地位的一流人物交往，学习其观念、优点、做法，自己也会在他的引导下成为一流女人。固然，名流中肯定也有名不符实者，但毕竟大多数人确有本事和才能，倘若能吸取他们经验和观点中的精华，对你的生活和工作必将大有助益。而与那些远不及自己的人往来，最后很容易使自己落到那些人之后。

格蕾丝·凯丽 1929 年 11 月 12 日降生于美国费城一个富有的家庭。她的童年在富足和平静中度过。在这个重视子女成长的家庭中，母亲格外疼爱这个体质娇弱的女儿。当高中毕业的女儿表示要从表演事业的时候，母亲给了她支持，觉得这有利于安抚她那多愁善感的性格。

格蕾丝第一次在电视上露面了，她拍了一个香烟的广告。后来，作为模特、在纽约的百老汇登台演出和在电视上作节目已经不能满足格蕾丝，她来到了南加利福尼亚，这里有她童年就梦想的事物——电影。

1951年在一部名为《14个小时》中她得到了她的第一个银幕角色——一个微不足道的小角色。然而这并不重要，因为一切已经开始了。第二年，她得到一个与大明星贾利·柏合作的机会，他们主演的影片是这一年最轰动的电影《正午》。作为新人，格蕾丝的表现令人瞩目，而新人在拍片所受的种种制约，却令格蕾丝对此片有着不愉快的人生经历。

接着她第一次与一流导演希区柯克合作，在《后窗》中扮演詹姆斯·史都华心仪的女郎。与希区柯克的第二次合作是同年的《电话谋杀案》，这一年格蕾丝迅速拍了数部经典的电影，其他的是《绿焰》、《乡村姑娘》、《白鸟》。她迅速成为最卖座的明星，次年与加利·格兰特合演了《抓贼记》、与弗兰克·辛纳特纳主演了《上流社会》。

年轻美貌的格蕾丝赢得了许多人可望而不可即的成功，她高雅迷人、富有才华、令人倾倒，与她合作的那些大明星无不为她着迷。

命运再一次青睐这位美女，她遇到摩纳哥王子——雷尼尔三世。拥有财富与尊贵的地位无疑是格蕾丝最好的归宿，当格蕾丝在摩纳哥参观时，这位风度翩翩的王子是他王宫的向导。很快，他们订婚了。很快，格蕾丝·凯丽成为了摩纳哥王后！

格蕾丝·凯丽借助着这些一流名人的帮助，使自己也成为了一流名人。

你有强烈的企图心，想要成功，你有非常好的成功意愿，你也有超强的行动力。也许你也成功了。但回想一下，在你追求成功的道路上，一定有人帮助过你。你的成功离不开贵人的相助，只是你没有感觉到罢了。

经过辛苦的努力，几年之后你成功了。想不想成功来得更轻松一点，成功来得更快一点？如果想，请马上找至少一位贵人来相助。

想要寻求贵人帮助，想要走成功的捷径，朋友的关系范围应更广、基础更深才行。

报刊上也许可以看到一些政治界、金融界的名人家谱，他们的祖宗三代地位显赫，无论祖父、祖母、父亲、母亲都出于名门，似乎国家的命运都掌握在他们的手中。

当然，要选择贵人，一定要选择恰当的，选择最好的，选择顶尖的。他们一定要有影响力，他或他所代表的公司一定是有前景的，一定是有潜力的，而且是正当守法的。

人人皆为我师

仿佛高朋满座、名满天下是和我们普通人绝缘的。但是我们知道，交友是每个人所必需的，并不是政治家或金融家的专利品。在我们周围，就有不少人选，待你去发现，比如你的长辈、兄弟，他们的工作内容可能和你毫不相关，但是他们都交有一些朋友，这样一来，长辈和兄弟姐妹也可以作为你广结人缘的对象。再进一步地说，如果以长辈和兄弟姐妹为媒介，能够找到更多的朋友。再看看你父亲的那一边吧！假如父亲的兄弟还健在的话，以年龄来看也许已经到了相当的地位了；同样地，你母亲这边也应检查一下，同辈的堂表兄弟们，也可以作为广泛交友的来源。此外，连你的姻亲，都是广结人缘的对象。像这样仅仅靠着血缘的关系，就可以使你的交友范围逐渐地扩大起来。

然后在你现在的住所附近，看看有没有能成为朋友的人物。

现在再来谈谈同学吧！同学关系，每谈到同学，就会勾起我们学生时代的甜美回忆。也许遇到曾在同一球队里一起打球的队友；也许遇到的是一起参加研究会的朋友；这许多人都可能成为你结交的对象。利用同学会常常能找到十年、二十年未曾相见的朋友。

单位中常有一些人被称作"大姐"，不仅因为年长，还因其有较高的威信和人缘。她们中的很多人行事公正，以身作则，堪为年轻人榜样。不仅如此，仔细了解会发现，她们在为人处世和持家等方面的生活经验，都值得年轻人学习。有幸遇到这样的女上司，如果可以赢得信任成为朋友，会在事业上和生活中都受益匪浅。

除了办公室的同事，在公司内和你有过接触的人，也是你可以考虑结交的对象，但是问题在于当你离开了这个单位以后，交往是否能继续进行。在这种人际关系里面，不要只交到一些酒肉朋友。

只要你有心广结人缘，机会多的是，像有共同兴趣的集会或是社团，还有各种活动中心，都是你交友的场所。说极端点，就连咖啡馆里也能交到朋友。期待每天可以向可能见面的人取经，哪怕是司机或下属，对周围的人保持高度兴趣，制造对双方互动有益的话题。总的说来，随时随地都可以交友。

一个篱笆三个桩，一个好汉三个帮。你拉着我的手，我拉着他的手，他拉着你的手，这个世界就属于你我他大家的了。

见一个"梦中人"

有一位作家说："如果未来你不去读几本有意思的书，见几个有意思的人，那么接下来的人生也就索然无味了。"

我在参加练习英语会话的时候，有一次的题目是：如果你有机会邀请一位你崇拜的名人来家中做客，你会邀请谁？为什么？有人说自己想邀请拿破仑；有人希望见到金庸，问他自己最喜欢的笔下男女主角是谁；还有的人希望邀请到自己喜爱的歌星"小甜甜"，顺便还可以给晚宴助兴……

王菲一首经典的老歌《梦中人》，调子极其美丽。

如果你以金庸为偶像，想见金庸，那么，你就要去想，你和金庸之间隔得有多遥远呢？如何能实现自己的会面计划？从理论上说这一切皆有可能。

1967年美国社会心理学家米尔格伦提出了一个"六度分离"理论。简单地说，该理论认为在人际交往的脉络中，任意两个陌生人都可以通过"亲友的亲友"建立联系，这中间最多只要通过五个朋友就能达到目的。

米尔格伦当年采用的实验方法是让志愿者传递包裹。他随机选择了内布拉斯加州和堪萨斯州的 350 多人，让他们把包裹送交波士顿的两个"目标"。当然，几乎可以肯定包裹不会直接到达目标，米尔格伦就让志愿者把包裹送给他们认为最有可能与目标建立联系的亲友，再一步步转递。

2001 年哥伦比亚大学社会学系的一个研究小组开始在互联网上进行这个实验。他们建立了一个实验网站，终点是分布在不同国家的 18 个人（包括纽约的一位作家、澳大利亚的一名警察以及巴黎的一位图书管理员等），志愿者通过这个网站把电子邮件发给最可能实现任务的亲友。从 2001 年秋天开始的一年多时间里，来自 166 个国家和地区的 6 万多名志愿者在网站上注册、参与这项实验。结果一共有 384 个志愿者的邮件抵达了目的地，电子邮件大约只花了五到七步就传递到了目标。这个活动现在还在继续。

美国的一个脱口秀节目有一次请了三个大学生来参加，主题是证明好莱坞的任何其他明星与演技派男星凯文·贝肯之间都能通过五个人联系起来。他们甚至成功的把已经去世了的卓别林与凯文·贝肯之间通过三个人建立了联系。节目引起了巨大反响。

世界真的很小。哥伦比亚大学进行"六度分离"电子邮件实验的那个网站名字就叫"smallworld. columbia. edu"，主题词的意思是"小世界"。

如果你的"梦中人"是位公众人物，那么就可以通过五、六次的介绍找到他（她）。

以上说的是"梦中"的大人物，而现实中的大人物——你的领导怎样沟通呢？

有时候，你与领导会有那种极短暂的照面时间，如果你能利用这稍纵即逝的机会来表现你自己，自然就能引起领导的注意。聪明的女人要用简洁的语言，简洁的行为在极短的时间内与领导形成某种形式的短暂交流，而这一瞬间对你以后事业的发展可能会起着不可估量的作用。

（1）电梯之中

假如你在电梯之中遇见你的领导，毫无疑问，你的一分钟表达将决定着他对你的印象，这时候简洁最能表现你的才能。你应主动向他问好，并表现你的修养与仪态，也许你大方、有礼、自信的形象会在

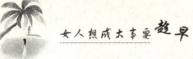

他心中停留较长一段时间。

美国《生活》杂志的总裁戈登·克罗斯将这称为"电梯语言艺术"，他说："所谓'电梯语言艺术'是指当你在电梯里同领导在一起的一分钟内所表达的包罗万象并能形成行动的一系列的思想和事实。"

（2）工作餐中

吃工作餐也是你能与领导接触的机会。如果领导在工作餐中有会见安排，你最好不要再进来。如果领导没有特殊的安排，你便可以一展身手。你应尽量与他接近，搭上几句话，最好能有幽默的效果，因为工作餐不是工作时间，要制造轻松欢快的气氛，也许领导也很累，如果你能用简单的话语或简洁的行动使他感到轻松，他会很注意你。如果领导没有自己的位置，你可以主动站出来让出你的位置，不要怕别人嘲笑，下属尊重领导本来就是正常的事。

（3）走廊之上

有时你所能得到的使领导听取你意见的机会是跟着他在走廊上从这个办公室直到另一个办公室，这时你就应该十分清楚该如何最大限度利用这个机会了。

约翰·考特在《总领导》的书中说道：一位下属在领导从大厅里正准备进自己办公室的时候与其领导之间的谈话，可以在随和的气氛中，就广泛的话题交流了许多有用的信息，但整个对话可以只用两分钟。

看到领导在走廊上，你至少要走过去打声招呼，问一声好，然后用简单的词汇概括出几句对领导说些什么，千万不要仅仅与领导擦肩而过。

（4）在酒会上

在这种社交场合，你更要制造机会让领导把注意力投向你，哪怕几十秒钟都好。你可以在领导一个人的时候，举杯向他致意，轻松说上几句，既让他感到轻松，又消除了他暂时的寂寞。时间要短，行动要快，这是要点。如果你能博得领导的朋友、亲人或是公司重要客户的好感，赢取他们的掌声或是笑声，将无疑会把领导的眼光吸引过来，这时你也应当对领导报以友好的一笑。

（5）娱乐场所

在公司以外的各种娱乐场所，你也可能遇到自己的领导，你当不

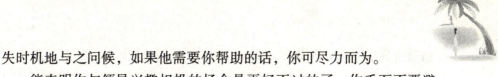

失时机地与之问候，如果他需要你帮助的话，你可尽力而为。

能表明你与领导兴趣相投的场合是再好不过的了，你千万不要避免让领导看到，相反要主动迎面去，领导怎能不欣赏那些与他兴趣相投的人呢？

匆匆的一遇可能决定着你的未来，你为什么不主动出来争取"注意"呢？

接触"大人物"世界

董思阳认为企业家就是具备资源组合能力的人，通过组合资源为社会、为自己创造财富。其中人脉是很重要的资源，只有善于经营自己的关系网，才能更好地把握商机。

15岁，还是在父母前撒娇的年龄。但董思阳在那时由于半工半读，就开始接触"大人的世界"了，在她16岁时，开始接触成功学的课程，从那里她认识到了很多成功的企业家，自此她喜欢上了这种国际学习的环境，在这种众多优秀企业家交流的平台上，她总是最年轻的那个。充满了激情梦想，又很有上进心的她总是会引起别人的关注，同时她也为这些优秀的大人们所吸引。

想起与亚洲总商会会长的结识过程，董思阳一直历历在目。她是18岁时在印尼的论坛上认识会长的。会长是印尼国会议员，官衔比省长还要大，看上去四五十岁的样子，但行事特别积极。带着团队成员到各个桌上敬酒。这种营销方式令小小的董思阳非常震撼。因为董是最年轻的，当她用英文跟会长交流，把名片递给他时，会长对年轻的她印象也非常深刻，于是后来两人在过年过节时常互相发信息问候，成为朋友。

这些成功人士的思维让董思阳不断成熟，他们的成功经验和失败教训都使她得到许多借鉴，从而少走很多弯路。通过与他们的近距离接触，董思阳学习到很多优点令自己迅速成长起来。而且重要的是她通过这样的交流，积累了很好的人脉关系。她认为自己幸运的是在每个关键的阶段都有贵人相助，比如成功学大师陈荣之，亚洲总商会会长等都曾提供给她很多重要的机会和帮助。

成功者身上林林总总的优秀品质很多，我们要向他们学习和借鉴哪些东西？细细归纳一下，主要有以下几点。

（1）学习他们的做人之道

做事之前先得学会做人，因为品德高尚是成功之本。只有学会做人，别人才愿意和你共事，才能接近成功的人，进而从他们身上学习到宝贵的东西。

（2）学习他们的决策之道

成功者的价值就在于"做最正确的事情"，同时帮助下属"把事情做到最正确"。

面对瞬息万变的市场格局，企业的经营方案有若干种，而成功的决策者能从中筛选最佳方案，让企业在商海大战中，立于不败之地。

四川长虹总裁倪润峰，最先拿起价格武器，将彩色电视机大降价，进而迅速占领中国国产彩色电视机市场的主导地位。借鉴成功者的成功决策，可以让我们在日后的企业管理中少走弯路，甚至抢得先机。

（3）学习他们的自信精神

每个成功者都有很强的自信心，时时表现出志在必得的气势。他们的自信心几乎无处不在，他们既会在私下为自己的自信心加油呐喊，还会在公众面前坦明积极进取的自信心。

许多成功学大师指出：成功的欲望是创造一切财富的源泉。如果有一种素质是所有成功者所拥有的，那就是顽强精神，是下定决心获得成功的自信。

葛洛夫认为"只有偏执狂才能生存"。英特尔能有今天的伟业，与这位总裁强烈的自信和持久的坚持分不开。学习借鉴成功者的经验，会使我们对未来更充满自信！

（4）学习他们的用人之道

企业的成功之道，关键还在于领导者的用人机制，企业领导人的职责就在于挑选好的工作伙伴。

除了专业技能外，一个成功的领导者选人时看重三种东西：一是工作伙伴必须精力充沛，这样的人可以感染人，鼓舞整个团队的精神士气；二是合作伙伴要正直，他们在考虑个人利益的同时，更能考虑到团体的利益；三是合作伙伴要有胆识，他们勇于探索，独立思考，敢于承担责任。

美国总统里根就是一个无为而治者，他只关注最重要的事情，常常将其他事情交给手下得力的人去负责。

（5）学习他们的创新精神

衡量企业成功的重要尺度，是自身的创新能力，而创新来源于不断的学习。许多成功人士之所以置身于时代的最前列，就因为他们有终生学习的习惯，他们总是不断地汲取新的知识和思想，让自己和团队永葆青春活力。

如果你停步不前，如果你坐吃老本，那么你就会失去已有的立足之地。

借鉴成功者的创新精神，就是要让自己永远保持学习习惯，进而在未来的创业中披荆斩棘，独领风骚。

（6）学习他们的自制精神

具有高度的自制力，是所有杰出成功者必备的优秀品质。满怀热情是你采取行动的原动力，而适当的自制力，则会引导你的行动更加理性。热忱和自制力相互平衡，才是成熟的领导者必备的品质。

在管理的过程中，能管好下属的人，不一定是合格的领导者，只有那些能管好自己的人，才能走向成功。

除了以上几个重点外，我们还可以借鉴成功者的其他长处：如何制定明确的目标，如何有效地激励团队，如何架构人际关系，如何捕捉每一次机会，如何利用现有资源经营未来，如何经营自己的爱情婚姻，如何卓有成效地经营自己的健康等。

正是通过向贵人借力，才可使得事情事半功倍。通用电气前总裁杰克·韦尔奇就认为他辉煌的事业成就，有很大一部分要归功于在工作生涯中遇到的贵人，"贵人似乎总会在我的身旁出现，扶持我、鼓励我。"而这些贵人其实就是自己的良师益友。

抓住贵人相助的机遇

平常说"有没有贵人相助"，与"因缘际会"是异曲同工的。虽然个人的努力仍然是我们最终成功的关键要素，但个人的努力像爬楼梯一样，尽管你脚踏实地，还得一步一步迈了一个台阶又一个台阶，一旦有了贵人出现，你就相当于乘上了电梯！在你的人生中总会有几次这样的事出现，因为乘上电梯，一下子就达到与以前完全不同的境地，甚至可上九天揽月，写出人生新的篇章。

每个人在社会中生活、工作，都会在不同程度上与他人有着直接或间接的联系，尤其是在一些人生的转折点上，比如升学、找工作、跳槽。在这些关键时刻，如果你遇到了贵人，人生顿然会放射出光芒。不管是你、是我还是他，在人生中都期望或遇到这样的瞬间。如此具有飞跃性的关键和机遇不能只是被动地等待，而要努力去争取贵人相助。

我们只要用心去与贵人相识，取得成功的概率便会提高许多。这种转变命运的机会有时直接的，也有时在你自己不知道的地方悄悄出现的，还有时是潜移默化的。无论是哪一种情况，都将是人生的转折点，是人生重大的命运转换期。由于贵人的引导，你会发现成功由梦想变成现实了。

杨澜成功的经历足以说明机缘的重要，并且这样的机缘、贵人她都把握住了，从而在尽可能短的时间里获得很大的成功。

杨澜的出名绝非偶然。毋庸置疑，杨澜是出色的，是很多女性奋斗的榜样和心中的偶像。但不可忽视的是：杨澜也是幸运的，在她人生的每一个转折的重要关口，都有一位有足够的力量帮助她完成命运转换的贵人适时出现。

在中央电视台担任《正大综艺》主持人的经历对她的后来人生产生了巨大影响，《正大综艺》让她成为一位家喻户晓、妇孺皆知的名

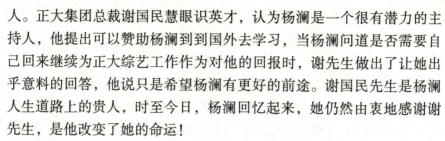

人。正大集团总裁谢国民慧眼识英才，认为杨澜是一个很有潜力的主持人，他提出可以赞助杨澜到到国外去学习，当杨澜问道是否需要自己回来继续为正大综艺工作作为对他的回报时，谢先生做出了让她出乎意料的回答，他说只是希望杨澜有更好的前途。谢国民先生是杨澜人生道路上的贵人，时至今日，杨澜回忆起来，她仍然由衷地感谢谢先生，是他改变了她的命运！

杨澜曾经说过，女人最难的选择是选择一个丈夫。出国之前她已经结婚——她的第一次婚姻持续了一年多时间。"你需要什么样的男人，什么样的生活，初恋时是想不清楚的。"这是杨澜遇见吴征后发出的感慨，她知道吴征才是她所爱的人。

吴征是杨澜生命中的又一个当之无愧的贵人。与吴征的相爱和结婚，是杨澜继得到谢国民先生资助之后的又一个人生的新起点。这一次直接成就了杨澜的成功。可以说，没有吴征，就没有今天的杨澜。

1996年，杨澜在美国哥伦亚大学国际传媒专业获硕士学位。在此期间，吴征与杨澜第一次成功合作制做《2000年那一班》，反映了美国华人社会地位的变化。此片在哥伦比亚电视网晚七点的黄金时间向全美国播出，开创了亚洲主持人进入美国主流媒体的先河，并获得了美国评论界的广泛好评。这部片子的成功让杨澜具有了国际知名度，吴征在其中功不可没。同年，杨澜入选英国《大英百科全书世界名人录》。

至此，杨澜已经不满足于做一个单纯的节目主持人，转而向复合型传媒人才过渡。她与上海东方电视台联合制作了一个评论性节目《杨澜视线》，这是杨澜首次以独立的眼光看待周围世界，在这期间，杨澜有机会接触到众多成功的传媒人士和先进的传媒理念，杨澜的视野开阔了许多。这部片子为杨澜赢得了好几个"第一"：内地的记者中，她第一个进入美国凤凰戒毒所深入采访；第一个亲身采访资深外交家、美国前国务卿亨利·基辛格博士。正是吴征广泛的人际关系网为她实现自己的采访计划立下汗马功劳。

2000年3月，杨澜雄心勃勃地开始打造"阳光文化"。在传媒概念如日中天的时候，阳光卫视的出现适逢其时。2001年，国家广播电视总局批准"阳光卫视"为在国内有限制收视的境外卫星电视台之一。同年，杨澜获得了新浪10%的股份，成为新浪网第一大股东。新浪网与阳光文化宣布将携手搭建中国最大的宽带网门户及跨媒体平台。

紧接着，杨澜、吴征与中关村的段永基联手组建了一个新的跨媒体公司"阳光四通"。

杨澜的成功与她自身的良好素质是分不开的，但在她的人生路上，如果没有一个个贵人为她开启了成功的大门，将她送上了一个更高的发展平台，杨澜不可能这么一帆风顺。杨澜一直是媒体的焦点人物，从一个腼腆羞涩的小姑娘到出色的主持人，再到今天的独立的媒体经营者，杨澜成功的地完成了从传媒到商业的转型。如今，她正以特立独行的风格接近着自己的成功理想。

杨澜抓住了人生发生转折的机遇。

处在人生的转折点上，每个人都可能遇上贵人，他足以使你走向成功，或是走出困境，关键是你要充分开发自己结交贵人的潜力，抓住贵人相助的机遇，这样，成功的阳光会更灿烂。

把握与上司相处的分寸

与上司交往的分寸体现在多个方面，不仅在大的问题上有分寸，在小节问题上也有很多分寸。哪一种分寸把握不好都有可能伤着领导的感情和自尊。下面这些"分寸"虽然显得有些小，但聪明的女人你千万不要"因小失大"，也许这些小分寸对你的前途也有重大的影响。

（1）得到上司的赏识和好感

员工如果得到上司的赏识和好感，那就等于该员工有了升职的基本条件。尽管许多上司都喜欢下级讨好奉承，但他们更喜欢那种脚踏实地、埋头苦干的人。如果你把上司安排的每一件事都办得妥贴，然后再说几句上司爱听的话，比起那些只说不做的人来，上司一定会对你另眼相看。

（2）不当"应声虫"

对上司发表的观点，一定的附合是必要的，但是也应有自己的独立见解。如果说一就是一，说二就是二，你毫无自己的主观判断和个性特色，领导就会觉得你是一个十分听话、简单驯服的工具，他对你的态度就是只使用而不重用。

（3）要让上司知道你是最效忠他的

上司在工作和生活中，有一个属于自己的圈子，而这个圈子里的人，会被他认为都是自己人，也就是效忠他的人。如果进入这个圈子，就要时刻保持对上司应有的效忠程度。凡事你都要让上司出风头，把他推到前台亮相，使他成为媒体注意的焦点和风云人物。当上司称赞某一个员工在公司的作用时，尽管会用"公司里没有此人不行"的语言，实际上在上司的眼里，这位员工仍是他的雇员。有些人并不明白这一道理。被上司一夸，即刻飘飘然起来，连上司的尊严也不顾了。甚至放浪形骸，得罪其他同事。

（4）能力超过上司时装装糊涂

上司都有一些疑心病，因为在他们的经历中，有一些人会背叛他，或是得了他的好处不知报答，久而久之，他们对别人都有所保留。像这种人如果遇到比自己能力强的属下时，就会有所提防。他们希望属下永远比自己差一截，这样他们显示权威才气派。因此，如果你能力太强，不妨装装傻，即使是自己十分清楚的事，也不妨请教上司，让他拍板。

（5）使上司倚重你

不论有没有越级的上司做靠山，顶头上司都是要认真对待的。对待顶头上司的最好境界是：使上司感到不能缺少你。比如，可以垄断某些消息和资料，让上司要通过你才能了解周围和下边的情况。这样一来，你便成了上司的耳目，非你不成了。要帮助、协助上司成就其事业上的目标，让他认为你是他完成工作目标最有力的助手，别人难以取代，这是主要的策略。

（6）少提利益要求

大多数上司比较注重考虑自己喜爱的下属的利益，如果你喋喋不休地向上司提出物质利益要求，超过了他的心理承受能力，他会觉得厌烦，认为你是一个自私欲很强的女人，以致疏远你。个人名利不是"争"来的，而是上司主动"给"的，你的工作做得好，上司器重，在他心目中有分量，有"好处"时，他首先想到的便是你，这便是最

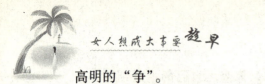

高明的"争"。

（7）不要直接否定上司原来的想法

提建议时，尊重上司意见。对上司个人的工作提建议时，尽可能谨慎一些，必须仔细研究上司的特点，研究他喜欢用什么方式接受下属的意见。了解上司的观点，即使不同意，不可直接否定，可用一些侧面的办法让他接受你的建议，间接否定上司的观点。

（8）不能只是讨好而无所作为

上司当然需要奉承恭维，需要个人生活方面的关照，但如果仅仅停留在这点上，交给你的任务没有一件事让他满意，周围对你评价不高，那么，他认为你是一个谄媚拍马之人，但不堪重用。

（9）不能仅与一个上司搞好关系

上司之间经常有些矛盾，是正常现象。如果你在这些矛盾冲突中，过分站在一方，未免是典型的"短期行为"。如果你限于一种矛盾漩涡中不能自拔，不能妥善地、兼顾地去处理各种关系，很固执地"认定一个"，一旦情况发生变化，你就没有回旋的余地。

（10）不要探听上司的"秘密"

有许多女人好奇心重，为得知上司的"秘密"，而四处打探，认为如果知道上司的一些小秘密，则可以和上司拉上关系。孰不知，这些"秘密"就可能成为你永远不能升职的罪魁祸首。因为既然是"秘密"，当然知道的人越少越好，上司的"秘密"也不例外。上司面对工作会感到心情压抑，家庭生活也会产生这样那样的矛盾。如果你毫不客气地探问其隐私，甚至为其出谋划策，那就大错特错了。即使上司在最脆弱的时候，也只需要适度的关心。要明白，真正关心上司，出发点应是爱戴而不是利用。一旦上司知道你了解了他的秘密，必定对你有所防范，甚至会将你调到远离总部的地方。所以，如果你不小心撞到了上司的秘密，装糊涂是唯一的明哲保身的办法。

（11）不能将自己捧的太高

适当的推销自己是非常必要的，但绝不能过头。因此有才气的女人千万不能在上司面前自恃才高八斗，显得神通广大，无所不能，无所不会，这样不仅不能使上司惊叹和赞赏，还会使上司对你失去安全感，在心理上对你有所防备。

因为上司都有自己的三防策略。一防你吃里扒外，自恃太高，太过醒目而容易被其他公司利诱，做出损害公司利益的事情。二防你在公司有太大的影响力。对其他员工会起到煽动作用，动摇他的领导地位。三防你聪明过头，练精学懒，当公司的权力掌握到你手里后，不思进取，无所建树。

当你的上司是女性时

当你的上司是女性时，如果是男性下属就可能比较幸运，但是对于女性则不那么幸运了，作为一个想成功的女人，在女上司的生存空间就更小了。有些细节你必须留意，如果你与女上司的年龄相差在10岁之内，千万不要穿得与她一样或超过她，对于拥有青春年龄的下属而言，穿得太过时髦或是像女上司一样雍荣华贵，是对她的成就感的一种微妙的侵犯。

外出谈判或是参加有关会议，衣着要恰如其分，对此曾有公司员工有深刻的教训。慧本是事务性秘书之一，在一次谈判中穿了深色名牌饰金钮扣的套裙，让对方误认为她是决策人员之一，一定要听听她的意见，这对于上司而言可就是大不敬了。所以，上班不要穿得过分时髦，否则会让上司尤其是女上司怀疑你的工作能力。

作为一名聪明的女人千万不要冒冒失失地问候女上司的家人与孩子，因为许多女上司的生活比我们想象的独特得多，有许多女性上司，家庭不尽如人意，倘若她是单身女子，这样问候岂不两者都尴尬？

不管女上司是否严肃，一定要记住，见到她时要微笑。与男上司相比，女上司更关心你与他人融洽相处的能力而不是你单枪匹马的业绩。

要细心记下她生理周期性的特殊几日，在那几天要特别小心应对。当女上司生病时，别忘了打电话问候。少跟她交流柴米油盐及打毛衣的心得，如果她的丈夫事业很成功，孩子长得很可爱则要多在这些方面来称赞她。

在日常工作中经常会遇到这种情况，一个本来关系平等的同事，突然间和你成了"上下级"，双方恐怕都一时难以适应。你想一想，当她的领导资格在形式上被确认后，你的这位年轻女上司最担心的是什么呢？恐怕就是能否让你们这些下属真正买她的账，承认她是你们的上司。她明白，如果大家不买她的账，她这个官也当不好。正因为有着这种担心，她会比较紧张，对别人是否接受她职务的升迁，也会相当在意。在她那张严肃的脸孔背后，掩藏着的恰恰是紧张和不安。

从工作中的上下级关系来说，异性之间或年长的同事之间，一般来说比较容易彼此相容，能够平安相处。只是年轻人之间，尤其是年轻的女性之间，更容易出现一些互不服气，互相嫉妒，互相攀比的现象，因此频繁出现矛盾，生出是非来。

所以新上任的女上司，可能最担心、也最不能容忍的就是同龄女性对她的蔑视和不敬。于是她将目光聚焦在年轻的女性身上，反反复复地印证着她的担忧。她一脸严肃，为的是把领导的权威迅速树立起来，她爱挑刺儿，也是想经常试探一下人们对她的权威是否真的认可了。女人在敏感多疑的心理支配下，本来就容易发现一些情况，更何况年轻女人在自己的内心深处和言谈话语之中，确实可能就有几分没把她看在眼里，对她的升迁不以为然，甚至还有几分失落。

不管对她的升迁有着什么样的个人意见，但她既然已经成了领导，就应该按照下级对待上级的一般准则来做，而不必老嘀咕她是什么人和配不配。你要想在工作中取得卓越的成就就应对她有足够的尊重，主动向她汇报情况，注意向她提意见的方式，服从她的工作安排以及虚心接受她的批评。

人的行为具有相互性。这种相互性实际上也是一种相互依存性。相互性越高，相互行为的积极方面就越高，稳定性也越大。因此不论对方是普通群众还是上级领导，只要你真正地尊重了对方，那么这些行为的积极效果将必定会反馈到你自己身上来。虽然现在你是下级，从你做起你可能会感到有些委屈，但你尊重、真诚的态度一定会影响她，使她逐渐消除紧张，用更积极的态度来回报你。当良好的互动出现之后，我相信你们都会受益，工作也能更上一层楼。